水利工程建设管理

李平 王海燕 乔海英 ◎著

U0349976

中国纺织出版社

国家一级出版社
全国百佳图书出版单位

图书在版编目（CIP）数据

水利工程建设管理 / 李平，王海燕，乔海英著．--
北京 ：中国纺织出版社，2018.11
　ISBN 978-7-5180-5811-2

Ⅰ．①水…Ⅱ．①李…②王…③乔…Ⅲ．①水利工
程管理Ⅳ．①TV6

中国版本图书馆CIP数据核字（2018）第279352号

责任编辑：赵晓红　责任校对：楼旭红　责任印制：储志伟

中国纺织出版社出版发行

地址：北京市朝阳区百子湾东里A407号楼　邮政编码：100124

销售电话：010-67004422　传真：010-87155801

http://www.c-textilep.com

E-mail：faxing@c-textilep.com

中国纺织出版社天猫旗舰店

官方微博 http://weibo.com/2119887771

北京虎彩文化传播有限公司印刷　各地新华书店经销

2018年11月第1版第1次印刷

开本：880×1230　1/16　印张：15.75

字数：233千字　定价：48.00元

前　言

水利工程建设项目管理是指以水利工程建设项目为管理对象，为实现其特定的建设目标，在项目建设周期内对有限资源进行计划、组织、协调、控制的系统管理活动。水利工程建设项目管理是具有行业特点的建设项目管理，它不同于其他非项目管理活动，具有如下特征：

（1）管理的目标明确，即高效率地实现工程项目的建设目标，它是检验项目管理成败的标志。

（2）实行项目经理负责制。

（3）用系统工程的理论和方法对建设项目进行科学的系统管理。

招标管理主要分为必需招标项目和非必需招标项目，招标方法分为公开招标、邀请招标、不招标。招标程序为编制招标文件、发布招标公告、组织踏勘现场和投标预备会、澄清和修改招标文件、处理招标文件异议、编制标底和最高投标限价、开标、评标、最后确定中标单位。招标工作结束后，进行合同谈判。

水利工程监理涉及水利工程施工准备阶段、施工实施阶段。按资质划分为水利工程施工监理、水土保持工程施工监理、机电及金属结构设备制造监理、水利工程建设环境保护监理四个专业。主要工作方法为现场记录、发布文件、旁站监理、跟踪检测、平行检测、协调等。

水利工程项目施工总包模式分为施工总承包与施工总包管理两种方式。两种承包模式相比而言，工作开展程序不同，施工总承包模式是先设计再招投标再施工。而施工总包管理模式，是边设计边招标边施工，总包单位的招标不依赖完整施工图，这种模式在很大程度上缩短了建设周期。合同关系上，两者也有区别，对于采用总承包管理模式，在很大程度上减少了业主方的工作量。

水利工程施工分包分为专业分包和劳务分包，水利部负责全国水利工程施工转包、违法分包、出借资质等违法行为认定查处的监督工作，县级以上地方人民政府水行政主管部门负责本行政区内有管辖权的水利工程施工转包、违法分包、出借资质等违法行为的认定和监督工作。

成本控制是项目管理的关键目标。水利工程施工成本分为直接费与间接费，直接费包括人、材、机等三费、冬雨期施工增加费、夜间施工增加费、特殊地区施工增加费；间接费包括规费、企业管理费。其中，人工费的影响因素主要有：社会平均工资水平、生产消费指数、劳动力供需变化、政府推行的政策等。控制人工费需制定先进合理的企业内部定额，提高生产工人的技术水平和作业队班组的组织管理水平。材料费控制一般按照"量价分离"原则，控制材料用量和材料价格。可采取定额控制或材料价格控制。机械费控制一般包括两个方面，而台班数量控制和台班价格控制。

水利工程项目管理成本控制常常与项目管理进度控制密不可分，常用的进度计划编制方法有横道图法、单代号网络图法、双代号网络图法、双代号时标网络图法等。关于进度管理工作，根据生产能力负荷平衡进行作业分配，按照生产进度计划日程要求，发布作业指令。根据各项原始记录及作业统计报表，进行作业分析，确定每日生产进度，并查明计划与实际进度出现偏离的原因，然后进行纠偏，才是进度管理的关键。

对于工程项目管理而言，质量控制关系着整个建设项目的成果及使用功能，在项目管理过程中需要重点控制，各参建单位需要有本单位制订的质量控制计划，严格把握过程控制，事中控制不如事前控制，事后控制不如事中控制，在质量控制过程中，避免发生质量事故，一旦发生质量事故，项目法人将事故简要情况向项目主管部门报告，主管部门接到报告后按照管理权限向上级水行政主管部门报告，发生较大及以上质量事故，事故单位要在48小时内向有关部门提出书面报告。

由于水利工程建设规模大，工序复杂，参建单位较多，战线长，地理条件多样，施工难度较大。项目法人应当组织编制保证安全生产的措施方案，不得调减或挪用概算批准的安全措施费用，施工单位组织进场工人要接受三级教育。发生安全事故，项目法人及其他相关单位应当及时、如实地向负责安全生产监督管理部门以及水行政主管部门或者流域管理机构报告。

关于水利工程验收，一共有两种验收形式，一种是政府验收；另一种是法人验收，基本验收程序以单元为验收基础，工序完工后，施工单位对工序进行自检，自检合格后，填写工序施工质量验收评定表，上报监理单位复核，重要隐蔽、关键部位单元工程由项目法人（或委托监理单位）主持验收，由项目法人、设计单位、监理单位、施工单位、运行管理单位等代表组成联合小组，共同验收。分部工程完成后，施工单位自评合格，监理单位复核，由项目法人认定。单位工程完工后，要进行单位工程验收。单位工程验收前，项目法人应提前通知工程质量监督机构，质量监督机构派员列席参加会议。单位工程验收由项目法人主持，设计、监理、施工、运行管理单位参加。以上为法人验收基本程序。政府验收主要包括首末机组运行验收、阶段验收、竣工验收等。

我国是农业大国，自古以来，中华民族十分重视水利，我们的祖先早早就以治水作为治国安邦之策，水利工程关乎农业的稳定和收益，而农业是我国的立国根本，兴修水利关系人们的生存及发展。我国的地势由西至东逐渐降低，从北到南，多条水系，水利工程不仅对农业起到至关重要的作用，还可以治理水患，保证人民安居乐业，不受洪水侵害。近几年，国家大力投资水利公益建设，采取国内外先进施工工艺，取得了较高成就，三峡工程、黄河小浪底水利枢纽工程、"南水北调"工程、三江治理达标工程等多项享誉国内外的优质工程，为国际水利事业提供了宝贵经验，同时向世界展示了中国智慧、中国雄风。

目　录

第一章　水利工程招标投标管理

第一节　相关概念界定

一、水利工程

水利工程就是为了控制、调配大自然的地面水和地下水，以达到除害兴利的目的而建设的工程。"水利"一词最早见于司马迁的《史记》，所谓水利，即兴水之利，除水之害。在原始社会，人类生产力低下，把洪涝灾害看作是上天的意志，常常乞求上苍的保佑，一般住在较高处以逃避洪水的危害，这个时候只有"水害"而没有"水利"。随着社会生产力的发展，人类逐渐认识自然和改造自然，开始修建工程来改造河流，调节储蓄洪水，防止洪水危害，同时开始使用水来灌溉农田等，这样"兴水之利，除水之患"的想法逐渐产生。从"井田制"的产生到"大禹治水"的传说，"水利"的概念逐渐形成，管仲在《管仲·水地》中提到"是以圣人之治于世也，不人告也，不户说也，其枢在水"，说的就是治理"国"的关键在于掌握"水"，兴水利是治国的首要问题。至此，"水利"的概念应运而生，而且被作为治国要务沿用至今。现代社会，水利工程需要修建大坝、堤防、水闸、管道、渠道、排涝站等不同类型的水工建筑物，以实现其目标。现代水利工程具有以下特点。

（一）具备较强的综合性和系统性

水利工程并不是单一的工程，在一个庞大的水系统中，各个项目相互制约，相辅相成。任何一项水利工程的建设都需要充分考虑与其他工程之间的关系。在工程设计时需要从全局的角度出发，制定经济合理的方案，确保其在整个系统中可以发挥最大的功效，具有很强的系统性和综合性。

（二）对环境影响较大

水利工程建成后，会对周围的生态环境造成一定的影响，当地的气候状况会发生变化，因此要充分考虑水利工程造成的环境影响，做好各种防范措施，使其利大于弊。

（三）施工条件复杂

由于水利工程中有部分建筑物需要常年处于水中运行，受到各种压力荷载、冲刷力、渗透力的作用，同时水利工程工期很长，常常经受汛期或者雨水季节恶劣的施工条件。为了确保水利工程的施工质量，需要全面考虑施工现场的地质水文状况、环境及气候条件。

（四）工程规模较大

水利工程由于具备多种功能，为了更好地发挥各项功能，水工建筑物的组成比较复杂，工程规模大、建设周期长、投入的资金较多。同时在气象条件多变的情况下水利工程的效益受到水文状况和气象条件的影响，其效益也具有一定的随机性。

二、招标投标活动

招标投标是由交易活动的发起方在一定范围内公布标的特征和部分交易条件，按照依法确定的规则和程序，对多个响应方提交的报价及方案进行评审，择优选择交易主体并确定全部交易条件的一种交易方式。招标投标活动最早源自原始"拍卖"，即把东西卖给出价较高的买家。而招标与原始"拍卖"不同的是：拍卖东西是选择"高价出售"，而招标发包工程是选择"低价发包"。

（一）招标投标的发展阶段

（1）原始招标阶段：原始招标投标就是以绝对最低价中标，虽然手段单一，但优点是速度快、造价省，能提高项目资金的使用效率；其缺点则是过低的价格往往会导致项目偷工减料，质量得不到保证，这是市场经济价值规律的普遍体现。

（2）现代招标办法的产生与发展：现代招标投标办法是在原始招标投标办法的基础上发展起来的，可以说是起源于英国，最早可追溯至 1800 年左右英国采用的"集中采购",也就是"公共采购"。第二次世界大战后,随着经济的发展,招标投标影响力不断扩大,先是英美等西方发达国家,接着世界银行也在工程项目承包、货品采购等行为中大量使用招标投标方式。近几十年来,许多发展中国家也日益重视和采用招标投标方式进行工程项目建设和货品采购。至此,招标投标作为一种被各国和各种国际经济组织广泛认可的成熟的交易方式,在相当多的国家和国际组织中得到推行使用。中国历史上有完整记载的招标投标活动是清朝末期张之洞创办湖北制革厂的时候,随后招标投标的积极作用被当时工商界所认可进而在湖北等地被广泛应用。新中国成立后正式进入国际招标投标市场却是在1979 年以后。20 世纪 80 年代初期以后,中国逐步在工程发包、国外贷款使用、设备进口、配额分配等领域推行了招投标制度。

(二)招标投标程序

在中国,市政公用事业、基础设施、开发经营性国有自然资源项目和公共信息技术软件平台等一些政府特许经营项目、政府投资项目、有限公共资源配置、政府资助或者组织的重大科研项目等达到规定规模和标准的都必须通过招标的方式来确定。

我国的招标投标一般要经过以下程序:

(1)招标:依法采取公开招标方式的项目须在国家部门或者省人民政府指定的媒体(包含信息网络、报刊等)发布项目的招标公告;采取邀请招标方式的项目须向具备承担能力、资质信用良好的三个及以上法人(或组织)发出邀请书。招标文件一般应包括以下几方面内容:

① 招标人名称、项目名称及项目简介;项目的规模、数量以及主要指标(技术、质量)要求;项目的完成期限、提供服务的时间、交货的时间;投标人的资格要求;提交投标文件方式、截止的时间和开标的地点;评标的标准、办法以及开评标的程序;

② 投标保证金、履约保证金以及报价的要求;

③ 技术文件(包括图纸、附录)的要求;

④ 合同主要条款以及协议书格式;

⑤ 项目行政监督部门及联系方式。

（2）投标：具备承担资格条件以及能力的投标人按招标文件的要求、条件自行编制投标文件，并向招标人递交。

（3）开标：在招标文件预先确定的开标地点和时间，招标人或者招标代理机构（受招标人委托）公开进行组织并予以记录。

（4）评标：评标由招标人（或其委托的招标代理机构）依据法规组建的评标委员会负责进行。评标委员会成员组成包括招标人的代表和评标专家。按招标文件确定的评标程序、标准和方法，评标委员会对投标文件进行比较评审后排列顺序推荐出1~3个中标候选人，或者按照招标人的授权确定出中标候选人。

（5）定标：招标人（或其委托的招标代理机构）按照评标委员会提出的书面评标报告以及其推荐的中标候选人中确定中标人，并下发中标通知书。

三、招标投标行政监督

招标投标行政监督是指行业行政主管部门采用监督、指导等方式去协调招投标参与各方责任主体之间的相互关系，是招标投标活动监督管理体系中最重要的组成部分。目前，我国招标投标监督的内容主要有以下几个方面：

招标准备工作的监督工作如下。

（1）招标公告的内容、发布的方式及发布的媒介是否符合相关规定；招标资料是否已至行政监督部门备案。

（2）资格审查的监督：招标文件中设定的投标人资格条件是否符合相关规定；招标人或招标代理机构是否从工程质量、安全生产、信用以及行政处罚期限等方面对投标人进行审查。

（3）开标的监督：是否公开评标标准和评标方法；开标的程序是否符合相关法规。

（4）评标的监督：评标专家的抽取、评标的程序、评标报告的讨论和通过、推荐中标候选人以及排序是否符合相关规定；是否严格按照招标文件的评标方法、标准。

（5）定标监督：定标原则和时间是否符合招标文件及相关规定。中国的招标投标监督制度发展可以分为五个阶段：

第一阶段：推行探索阶段。20世纪80年代，招标投标法规建设刚刚起步，我国政府开始在政府投资项目探索招标投标操作和管理。全国各地陆续成立了招标代理机构。1984 年，国务院在《建筑安装工程招标投标试行办法》的基础上，吸收各地区、各部门试点经验后颁发了《关于改革建筑业和基本建设管理体制若干问题的暂行规定》和《建设工程招标投标暂行规定》，提出改变行政手段分配建设任务，大力在国家、部门和地方计划的建设过程中推行招标投标。但是由于是探索阶段，大部分只是在一些国家重点项目上进行而且基本以议标为主，不能充分体现竞争机制。

第二阶段：初步建立阶段。20 世纪 90 年代初期到中后期，在探索阶段尚不能充分体现竞争的议标模式已经转变至相对体现竞争的邀请招标模式，同时大量规范招标投标管理的配套法律规章和制度的颁布，以及招标投标专职监督管理机构的成立和人员的壮大，都标志着我国已进入了招标投标制度初步建立阶段。这一阶段基本形成我国的招标投标管理体系，奠定了完善招标投标制度的坚实基础，可以说是我国招标投标发展史上最重要的阶段。首先是 1992 年的《工程建设施工招标投标管理办法》（建设部 23 号令）和 1998 年《中华人民共和国建筑法》（以下简称《建筑法》），确定了建筑工程项目应当采用招标投标方式，推动了建设工程招标投标进入了法治化的轨道。紧接着，一些省份也相继在探索基础上颁布了有关招标投标程序的管理细则等相应配套制度，基本形成了招标投标制度初步建立阶段的法律体系。而后在招标投标活动的规范和管理过程中，为了将招标投标的管理和服务有效结合，结合职能部门相互协作的特点，1995 年，全国各地纷纷按照"一站式"管理和"一条龙"服务的模式建立建设工程交易中心，工程交易活动从无形变为有形，开辟了完善招标投标制度的新道路。

第三阶段：逐步完善阶段。随着全社会的深入认识，招标投标被认为是市场经济不可或缺的一个环节，也是竞争和交易中不可或缺的一个环节。2000 年 1 月 1 日《中华人民共和国招标投标法》的颁布和实施，标志着中国招标投标制度进入了逐步完善阶段。随后国务院、各部委和地方人民政府也相应出台了完善和细化《中华人民共和国招标投标法》的各类配套规章、地方性法规和实施细则等，如《国务院办公厅转发建设部国家计委监察部关于健全和规范建筑有形市场若干意见的通知》(国发办〔2002〕21 号)、《国家重大项目招标投标监督暂行办法》

(国发办〔2002〕21号)和《水利工程建设项目监理招标投标管理办法》(水建管〔2002〕58号)等一系列规范市场招标投标行为的法律法规。在这个全新的历史阶段,随着建设工程交易中心的有序运行和健康发展,招标投标的法规、制度不断得到完善,招标投标的程序逐步规范化,进一步明确了应该招标投标的范围,招标投标覆盖面日益延伸和扩大。同时工程交易的规范化、制度化公开化发展,工程建设领域的竞争逐步转向讲究质量和信誉和突出科学管理的道路,我国不仅出现大量的优质工程,还涌现出一大批优秀的企业和项目经理。

第四阶段:数字化阶段。随着电子商务和项目管理信息化的迅速发展,2013年2月,《电子招标投标办法》的颁发标志我国招标投标制度的发展进入了数字化阶段。电子招投标是运用现代信息技术对传统招标投标方式进行优化升级,以数据为主要载体,运用电子信息化手段完成的全部或者部分招标投标活动。电子招标投标仅仅是转变行政监督方式,并未改变行政监督职能,某种程度上还为行政监督部门进行实时行政监督创造了条件。电子招标投标的推行还对实现招投标信息的充分公开,健全社会监督机制,转变政府监督方式,规范招标投标秩序等方面也起到了重要作用,现有招标投标法规和制度也要根据电子招标的发展而不断进行完善。

第二节 论文的理论依据

一、博弈论

博弈论又称对策论,是运筹学的一个重要学科,主要研究在一定的信息结构下,具有不同利益目标的竞争各方,为实现自身利益最大化,考虑对手行为来选择最合理、有利的行动方案。按分类基准,博弈一般可以分为合作博弈(交易各方具备有约束力的合作协议)和非合作博弈(交易各方不具备有约束力的合作协议);按参与顺序,博弈可以分为静态博弈(参与人同时选择或先后选择,但后行动者并不知道先行动者的具体行为)和动态博弈(参与人有先后行动顺序,且后行动人可以观察到先行动者的决策);按信息结构,博弈可以分为完全信息博

弈 (参与者完全了解所有参与者的策略组合) 和不完全信息博弈 (参与者不了解参与者的策略组合)。从博弈理论来看，招标人和投标人可以认为是不完全信息动态博弈，招标人并不知道所有可能投标人的信息，只能根据自身的需求以及预估可能投标人信息的预设标准；投标人相互之间无法知道对手的信息，只能根据自身信息和对其他投标人信息的预测标准，认为他们之间存在不完全信息静态博弈。因此，整个招标投标过程是一个复杂的博弈过程，招标人的选择不仅取决于自身的信息还取决于对可能参与的投标人信息的预先判断，而所有投标人的选择不仅取决于自身的信息和招标人的选择行为，还取决于对其他可能投标人信息的判断。

二、权力寻租理论

寻租理论出现在 20 世纪 60 年代中期。美国经济教授安妮·克鲁格 (Anne. Krueger) 在 1974 年正式提出了寻租 (rent-seeking) 的概念，寻租最早是从租的概念演化而来的，寻租就是指寻找机会获得租金，而寻租活动是指对既得利益进行再分配的非生产性的活动，是一种会造成社会资源浪费、抑制公平竞争、阻碍制度创新、导致腐败恶化的经济负和博弈。权力寻租则是指公权人将公共权力当作筹码，谋求经济物质利益、参与商品交换和市场竞争的一种非生产性的活动。这种经济物质利益的转移体现了社会的强势群体对弱势群体的掠夺，因此极易产生社会矛盾。对于发展中国家来说，在法律制度还不够完善，传统特权思想还比较浓厚，权力无法得到充分监督和制约的情况下，更容易发生权力寻租现象，也就是我们日常所说的"权钱交易"。中国在市场经济改革中，随着公共权力部门不断扩大的公共服务范围，其握有的社会资源也越来越多，而水利工程由于大部分属于公共投资，集中了大量的公共资源，也利于权力的垄断，易于腐败行为的产生，可以说，建设流程中的几乎每个环节都容易产生权力寻租行为，尤其是招标投标环节，因此，建立健全一套有效的监督机制，对权力寻租行为进行有效制约。

三、交易成本理论

交易成本理论最早是由英国经济学家罗纳德·哈里·科斯 (RonaldH.Coase) 提出的，他认为交易成本不是购买物品的费用，而是围绕物品的权利转移所发生的费用，是为了获取准确的市场信息以及谈判和经常性契约的费用，包括信息搜寻成本、谈判成本、缔约成本、履约监督成本以及可能发生的处理违约行为的成本。而奥利弗·伊顿·威廉姆森(Oliver·Eaton·Williamson)在罗纳德的研究基础上，对交易成本及其决定因素进行了更加细致的阐述和归纳，提出交易成本包括事前成本(谈判、签约、保障契约等成本)和事后成本(适应性成本，即契约双方对契约不适应所导致的成本，讨价还价的成本，建构及运营成本以及约束成本等)。著名经济学家张五常先生则扩大了交易成本的内涵，将其延展至信息获得成本、谈判成本、制定和实施契约的成本、产权界定及控制成本、监督管理成本以及包括制度结构变化在内的一系列制度成本。

按照交易成本理论，技术和制度是降低交易成本的两个主要方面，一是技术的进步可以产生有效的新度量方法，从而降低了交易的费用；二是通过改善企业制度、市场制度以及在全社会范围内改善政治、法律制度，同样可以节约交易成本。在法律制度相对完善的市场经济国家，由于经济制度、监督机制的完善，交易成本比较容易降低。相反，在市场经济不健全、监督机制相对不够完善的国家，无法确保公平、公正的竞争环境，经营参与者会将更多资源浪费在权钱交易、拓展人脉等方面，从而增加了畸形的交易成本。如果没有招标投标制度，企业就需要花费巨额的信息搜寻成本来寻找合适的承包方，寻找到承包方之后又需要与其谈判、缔约并监督，这都需要花费成本，任何一方违约又会发生处理违约行为的成本。同样在招标投标活动中，如果建立较完善的招标投标制度和相应的监督机制，招标方事先按照自己预期定出一套选择承包商的标准，在满足这些标准的承包方中进行择优选择，而被选择的承包方按照相应的标准行动，也就是说，从制度层面考虑，招标投标制度和监督机制的完善与否会直接影响招标投标过程中的交易成本。

第二章　水利建设工程监理的项目管理

第一节　国内外研究及发展状况

一、国内研究现状

我国的监理制度从 1988 年开始施行，并在 1997 年国务院颁布的《建筑法》中对监理作出了相关规定，强制工程施工过程中必须接受监理单位的审查监督和管理，这也标志着我国监理制度在建设工程项目管理领域正式迈入了全面的执行阶段。经过多年的运行，中国的工程监理制度发展成绩斐然并在质量、投资、进度和安全控制中发挥了积极的作用。但是，徐德澍（2014）在《浅谈水利工程监理中存在的问题及解决措施》一文中认为：参与工程建设的施工企业不能够完全按照国家的规定和程序进行施工，这些都会给项目的监理作用带来一定的影响，加上目前的工程监理本身存在的管理制度不完善等问提，对工程建设工作的正常开展造成了一定影响。郭正林（2013）在《浅析水利工程监理中存在的问题及解决方法》中指出：'大业主、小监理'的情况还是比较多地分布于水利建设工程领域的监理过程中，很多业主总是认为既然是甲方邀请或购买的服务，那就应该按照自己的要求去落实各项工作，'传话筒'或'代言人'成了监理工程师们很形象的代言词；与此同时，对自己定位不准也是很多监理工程师普遍存在的问题，往往因为环境如此，默认自己成了施工企业的'质检员'，潜移默化地在工作中扮演了'质检员'的角色。"张悦政（2011）在《水利工程监理中的问题与解决对策》中提出监理企业存在的制度不全，工作不规范的问题：部分监理企业没有明确的规章制度，人员职责不清；与"腾笼换鸟"的各项工作有关的规划或者工作细则更是没有因势而变，更没有什么根据项目不同作出改进。由此可见，在目前水利建设工程的监理过程中确实存在很多可改进的空间和需要提高的领域，从而进一步提高监理的作用和实效。为此，也有学者提出了解决决策建议。梁岳山（2014）在《水利工程监理中的问题与解决对策》中指出：监理要创设符合水利工程需求的分工制度，明确所有监理人员的工作职能和性质，从而保障该项工作真正实现其功能并进一步促进相关从业者的业务水平和职业素养；在水利建设领域的监理应该说是具有很高的专业要求和经验技能的多元工作，监理是否能实现其功能主要取决于相关从业人员的业务能力、工作水平，因此相关人员必须具备和坚守"廉洁、诚信、公平、守法"和"独立、自主、公平"的职业道德原则。王虎军（2010）在《水利工程建设中监理工作难点的思考》中提出：要改变现行水利建设工程监理制度的运行模式，在当前相关制度约束下，需要切实改进聘任方法和费用结算方法，通过构建一个更好的业务氛围推动监理人员切实地做好本职工作。陈圣利（2011）在《水利工程项目管理及监理存在的问题与对策》中指出：施工单位等相关各方要重视监理的重要意义，不论是业主还是承建方都要深刻理解监理对项目的重大意义，清醒地认识到工程质量和进度需要监理的有效介入才能实现，专业、专注、高效的监理无论对业主还是承建方都发挥着积极的作用。整体来说，目前国内对于水利建设监理行业存在问题的研究中，着眼于通过改进现行监理的市场氛围和提高监理从业人员素质等方面较多，从根源上强化监理工作过程管理的比较少。2003 年，国家相关部委制定出台了倡导总承包和扶持项目管理企业的方针政策，进一步强调了施行工程项目管理的必要性和重要性，引导具有一定资质的监理企业逐步转型为工程管理公司，有效扩大承揽领域，为项目提供更为充分和系统化的技术咨询和服务；2004 年 11 月，住建部为推动国内工程此类市场的稳定和顺利发展，出台了《建设工程项目管理试行办法》，进一步对该领域加强管理，从政策上巩固了市场的稳定和发展。随着其他相关政策的出台，开始有不少学者建议推进监理领域的企业向项目管理公司转变，以谋求解决当前监理领域企业整体运营上存在的随意性。

赵玉香（2012）在《工程监理企业向工程项目管理企业转变的研究》中也提到，我国目前的工程监理业务内容主要是建设阶段的审查监督工作，还有很多缺陷，一直无法满足全方位，服务整个项目管理的要求。在一定程度上，制约了工程建设行业的发展，向项目管理企业转变成了工程监理企业求变创新的主要出路，从而进一步提高其竞争力与国际接轨。然而，目前我们的工程项目管理企业还处于起步阶段，绝大多数项目仍然按照业主意愿而运作，还未形成较为完善的市场机制和准入门槛，导致当前项目管理市场出现不少问题。为此有不少学者选择慎重对待企业的贸然转型。

王开（2016）在《水利工程项目管理中存在的问题及对策分析》认为：我国现阶段水利工程项目管理模式运行中存在相关管理制度相对落后、监管机制不健全、质量监管稽查不力、挂靠资质现象普遍等问题；王开指出我国水利项目管理发展水平尚不成熟，需要积极探索和创新来加以完善，需要结合我国的基本国情，才能有针对性地制定出有关水利建设工程项目管理的对策，探索符合国情的成长道路。王小军（2009）在《工程项目管理加监理模式的研究》中指出，与监理相比，就服务对象而言，项目管理的工作内涵和工作阶段都比较宽泛，对工作团队的管理能力和人才储备、智力支撑都有更高的要求，就目前来说，项目管理领域得到了监理的重要补充，但并不意味着监理企业成长发展都适合转变为工程项目管理企业。

二、国外发展现状

欧美等发展国家在过去几十年里不断推动监理的法治化进程，对监理领域的企业行为都在相关的法律条文中制订了明确的要求，也进一步催化其成为工程领域重要的一个环节。20世纪80年代后期，监理制度或者体系在全球领域急速成长，很多新兴崛起中的国家也逐步推广监理制度，众多的全球性金融机构，包括世界银行（WorldBank）、亚洲开发银行（Asian Development Bank，ADB）等，也视监督制度执行情况为银行判断是否给予工程建设类资金服务的重要参考标准，并已经被世界各国、各层次的建设工程所普遍采纳。尤其是英、美、日、法等发达国家，业主通常在项目建设的全过程进行管理，这个过程包括从项目开始到项目最终完成，工程实施的全过程也将委托咨询或者顾问公司进行全程监督。项目在建设和实施过程中，监理人员的核心职责是督促甲乙双方按约提供投资控制，避免专利反诉赔偿，以公平的立场保障承包商、制造商和业主的合法权益。

一些主要的发达国家都采取了非常严格的监管体系提高对工程咨询行业的准入门槛和要求，不单单是针对新成立公司的限制，也提出了对相关从业人员非常高的要求。而目前，这一类企业的经营业务范围也得到了长足的拓展和扩大，从原先的质量安全控制，发展到了如今的全流程服务，包括了项目可行性分析、成本测算和模拟预测以及投入方案等内容。

经过调阅相关研究期刊，德利亨德森表示：监理制度对欧洲地区城镇化和生产力的飞速成长、大规模的社会项目发展都带来了极大的促进作用，为建筑领域注入了前所未有的繁荣和活力。同时，建筑领域是一个需要高效、严谨工作态度的领域，创建全新的聘任关系（指第三方的项目管理或者监理等），以满足建筑产品的质量要求。帕特提出：建设工程监理为整体的工程项目管理提供了潜在的市场，他认为，监理计划的实施包括：

第一，早期投资咨询服务：提供工程和经济可行性研究。

第二，监理计划阶段的实施：作为工程业主的代表，在相关规章制度和国家规范下，组织开展工程规划、项目招标等全过程的监理和管理。

就当前的市场情况来看，欧美等主流的西方国家不断健全政府监管体系、市场约束机制和国家法律规范，进一步助推了这一领域市场的健康发展。在此期间，很多类似我国的新兴高速增长地区也在努力引进项目管理体系，结合本地、本国特色开展尝试和推广，不断支持其发展，也奠定了目前全球工程项目管理领域的繁荣景象和未来发展空间。

第二节　水利建设工程监理现状分析

一、水利建设工程监理的基本内涵

水利建设工程监理从字面上理解就是一般工程监理在水利设施建设中的应用，它与水利设施建设的业主单位和承建单位一同构成了水利建设工程的整个完整系统。水利建设工程监理从规范定义的角度来诠释，主要是指在政府相关规章、法条、行业规范的约束和业主的主动委托下，利用企业的管理经验和相关专业人才储备等优势，对项目进行全面的监督和协调管理的过程。水利工程监理的主要功能如下：

（1）通过介入质量、进度和人员等领域开展监督、审查工作，对施工建设的整体控制水平具有较大的促进和提升作用。

（2）从被动督促的角度进一步引导建筑施工人员强化专业技能培训提升和职业素养的养成，主推建设施工工作不断提高效率和质量。

（3）在水利建设工程施工前开始介入，通过施工建设阶段的全局把控和管理，从大局上将有效控制建设进度，并推进项目在计划内有条不紊推进，确保工期进度。

二、水利建设工程监理的发展现状

中国水利工程中，云南鲁布格水电站是最早对项目进行监理的工程，该项目由于引进了国际通用的招标合同和以业主为核心的建设项目管理模式，实现了"短平快而且省"的效果。而我国监理的真正起步是在 20 世纪 80 年代末期，在国务院颁布开展建立相关的文件后，在经济较为发达地区，相关部委推广实行了工程监理的尝试，也将工程监理这种全新的建设施工项目管理模式推到了台前。我国许多具有一定规模的水利设施建设，如二滩、三峡等都使用了监理制度。我国水利部于 1997 年出台了《水利工程质量管理规定》，并在 1999 年颁发了水利工程建设监理单位管理办法、规定和人员管理办法等许多致力于不断完善水利工程监理体系的具有极强指导意义和先导性的政策文件。明确规定："重大水利设施建设项目，强制配套施行监理制度，其他规模中等或者较小的项目也要不断完善并循序渐进施行相应的制度"，这也助推了我国水利建设工程监理制度驶入了快车道，进入了一个广泛推进和深化的新阶段。

在 2000 年，水利部等行政部门联合出台了《水利工程建设监理合同示范文本》（水建管〔2000〕47 号）；2003 年，相关主管行政部门印发出台了《水利工程建设项目施工监理规范》（SL288—2003）等示范性文件；2004 年，相关行政部门制定并出台了《工程建设标准强制性条文》；2007 年，水利部修订出台了《水利工程建设监理规定》，系统规范了水利建设工程监理。就当前来说，监理制度已经在国内水利建设工程领域全面铺开，尤其是一些大型工程中的核心、关键环节和水利枢纽等，由于这一类节点项目往往涵盖了水工、地质、水机等以外的专业领域，如电器、金属结构、造价和合同管理、安全控制等，而监理在这些方面都有较强的管理经验和专业素质，对于水利设施建设的质量、进度和造价都有很好的益处。随着水利建设工程监理相关法治化、规范化、系统化的管理机制不断成熟和健全，水利建设行业的工程监理企业和从业队伍不断发展。就浙江省来看，就有甲级单位：东洲监理咨询有限公司、浙江广川工程咨询有限公司、浙江水院建设监理公司和浙江省水利水电建筑监理公司等几十个专门致力于这一领域的监理企业。

三、水利建设工程监理存在的问题

水利设施的相关建设工程事关百姓生产生活、安居乐业，一来此类设施往往具备水资源调节的功能，能够大幅度地减少因为水资源的季节性和区域性不均衡造成的问题和损害；二来水利工程通过调度水资源，对生活用水进行了合理的分配，同时服务于农田灌溉，保障国家基础生产行为稳定进行。为了保障水利工程建设施工的顺利进行，同时能够更好地服务社会民生需求，满足生产、生活所需，水利工程的建设质量显得尤为重要。监理作为水利设施建设中不可缺失的一环，也是设施完工质量的首要保障，同时监理工作对于农作灌溉、供水排涝、防洪抗旱等方面都有极其重要的保障作用。然而当前，水利建设工程监理依旧存在着一些问题，深切地影响着水利设施质量的基础保障。

（一）水利建设工程监理领域规范性不强

中国早在 30 年前便一直在较大规模的水利工程中采取了监理制度，但是在建设方、委托人和监理三方仍然存在责任不明、流程不清晰等问题，在实际操作中，相关从业人员对质量情况的监察观念不清或者措施不当，因此往往暴露出很多建设问题。在现阶段，我国水利建设工程监理领域的人员团队的专业素养薄弱，管理协调经验不足，再加上前面讲述的责任不明等情况，因而几乎丧失了独立工作能力，严重的会对工程进度和投资造成重要影响。在行业领域内还未完全贯彻和执行严格、全面的监管机制背景下，水利建设工程监理的工作实效和功能无法真正显现，无法匹配经济社会和生产力的突飞猛进，从某个层面上来说也是影响社会安稳的潜在问题。

（二）水利设施存在管理漏洞

水利枢纽关键部位的施工和配套设施管理对项目建设能够按期完成产生重大影响。但是，就目前行业的整体表现和情况来看，施工方或者承包商主要关注项目主体建筑物或者工程的建设施工，而对相关的配套设备关心甚少，导致经常因一些渠道阻塞而使水利工程效率低下。由于项目完成后，一些水利设施缺乏管理和维护，年久失修，水利工程无法发挥效益，严重阻碍了群众的正常生产和生活。

（三）监理人员责权不明晰

在目前的监理队伍中，还有很多从业者并没有从本质上了解自身工作职能的重要性，因此出现了一些只是应对上级临时检查或追求个人利益的情况，从而影响了工程建设的统筹协调管理。项目直接责任人没有彻底认清个人责权，自认为是质检人员，导致无法完全体现基本职能和管理实效。此外，承包方在管理上也存在问题，如没有按期履行人员配备要求，降低了成本，但却会对工程的质量产生深切的损害。

第三节　水利建设工程监理进行项目管理的可行性和必要性

项目管理是一门综合性管理学科，是在社会经济发展和产业进步过程中，应对复杂工作内容和大型对象而逐渐形成；是广泛集合了理论和经验并在时间、人力、资金等众多约束条件下，以最好、最快方式实现工作目的的组织架构和安排。在 20 世纪 40 年代刚刚诞生就举世瞩目，它把各种系统、资源和人员进行有效的整合、优化配置，通过一系列标准的程序并在有限的时间、预算、质量等约束条件下完成任务目标。结合当前水利建设工程监理中存在的问题，项目管理是否能够真正运用于水利工程建设监理，并有效规范、优化管理模式，促进监理项目的有序推进显得尤为重要。

一、水利建设工程监理进行项目管理的可行性

PaulGrace 主席曾经说"世界上，一切都是项目，一切也将成为项目"。所

谓项目，就是为了一个固定的远景目标，在组织内外资源都有限的条件下，通过合理配置资源和优化管理形态而进行的各种管理活动，且具有一次性、唯一性、多目标性和生命周期性等特征。水利建设工程监理对照项目的基本定义，也具有以下特征：

（1）一次性：项目从时间（进度）的角度来看有清晰的开始和结束点，一般情况下没有可参考和借鉴的同类模板。从水利建设工程监理的工作性质来分析，监理的内容都是根据合同规定的内容进行的，并将伴随着合同约定的时间或者约定的工程建设节点而结束收尾，因此具有一次性的基本属性。

（2）唯一性：一个项目能够被称为项目的最大原因在于它与其他工作任务存在根本上的特殊性和不可替代性，彼此间总会有其特有的独立性。同样，任何一项水利建设工程的监理任务都不相同，无论山塘水库、引水河网、防洪堤岸等都因所处环境、地点和时间的不同具有其唯一属性。

（3）多目标性：项目的总任务目标是单一的，但是项目具体各个组织和环节的目标有成本、质量和进度等目标，比如四控两管一协调"，正是项目多目标性的具体体现。

（4）生命周期性：任何项目都有其生命周期。水利建设工程监理根据工程项目的推进实施，监理在项目立项、计划、实施和收尾四个阶段具体体现为启动、设计、实施、验收等，体现了项目生命周期的基本特点。

二、水利建设工程监理进行项目管理的必要性

水利工程往往以其投资规模大、工期长、复杂程度高、涉及面广等特有性对经济发展和百姓安居乐业产生巨大的影响。前文中深入分析了当前水利建设工程监理中存在着管理规范性不强、工程师职权不清、工作程序不明、管理流程不清晰等问题。而项目管理能够在各种资源相对约束的条件下，把组织内外各种资源进行优化配置和结合，通过科学规范的管理手段寻找最佳实现预定计划。因此，本文中开展针对水利工程建设监理项目管理研究，以保障水利工程施工建设质量好、进度快、投资合理，有以下必要性：

（1）水利工程建设监理中实施项目管理是提高工程质量的重要保障。水利工程在我国主要是政府推动的基础设施建设项目，事关国计民生，而质量则是重

中之重，更是工程效益的必备基础，是实现建设目标的保证，是工程使用功能、耐耗性以及可靠性、经济性等的具体体现。完善的水利工程建设监理项目管理体系可以协助施工单位及时发现隐患、纠正不规范行为、保障安全生产；规范和督促施工单位及相关人员遵守工作规范、工作职责和职业素养，也从工程建设软实力的角度奠定了质量基础。

（2）水利工程建设监理中实施项目管理是规范市场秩序的重要手段。实施项目管理，符合当前工程监理领域的市场改革规律，强化了以质量求生存的意识，从根本上杜绝了工程监理的随意性，树立了正当竞争、合法经营、有法必依、违法必究的责任意识；通过项目管理规范了监理的基本工作流程，明确了监理人员的工作职能和职责，让各种市场行为进一步透明化，管理上更加公平、公正，切实巩固了该领域的健康市场氛围基础；基于此，各类关于工程监理的规章制度和法律条文也将得到更好的贯彻和执行，从而有效推动了企业在管理理念和措施上谋创新、求突破，构建了良好的监理市场生态体系。

（3）水利工程建设监理中实施项目管理是助推企业转型升级的重要手段。在项目管理理论和方法的介入下，企业势必需要尽快更新内部管理机构、创新机制和优化流程，同时提高监理人员的管理水平和业务素养、技术能力以适应项目管理理论和方法指导下的监理工作体系，从而为企业核心竞争力的不断增强注入鲜活的血液和活力，为未来参与全球市场行为打下坚实的基础。尤其是在当下国内水利大发展和"一带一路"、亚投行等全球性基础设施建设战略部署背景下，将有效促进企业通过项目管理机制改革，切实提升企业竞争力，助推企业参与到国际水利工程建设监理和项目管理事业中，不断适应新时期的挑战和机遇。

第四节 相关概念界定与理论概述

一、工程监理

（一）工程监理的含义

根据我国修订后的《建筑法》第32条规定，实施工程类监理（建筑）需要

17

在法律法规、相关的技术规定和设计文件以及相关聘用委托合同的指导和约束下进行，并作为业主方代表就建设施工的质量、施工进度情况和投资情况等内容对承建方进行监督审查。就目前来看，监理普遍被定义为受委托人的指派或委托，在政府部门认可的工程相关施工文件、相关指导性规章制度和法规条款、合同约定等方面的约束和指导下，对施工建设过程的监督、审查和管理。我国当前工程监理的主营业务范围集中在施工环节的管控工作。其基本工作内涵可概括为"四控两管一协调"，这与项目管理有着密切的关系。第一，一个建设工程的监理过程本身是以项目的形式而存在，可以完全适用项目管理理论；第二，实施监理的最终目标是为了事项对项目质量、进度和成本等方面的全面管控和治理，从项目管理的视角来看，这其实就是项目管理理论中的三大要素：时间、资源和质量；第三，工程监理各阶段的划分，与项目管理理论中项目的生命周期四阶段有很高的匹配度。所以，从监理和承包商（乙方）的项目管理之间的关系来看，监理工作以项目承包商（乙方）的项目管理为基础。从国内市场的实际表现看，虽然当前绝大部分建设工程监理类企业主要开展了"半"项目管理化，主要针对工程建设的施工部分，而且主要针对质量的控制；但是，如果说此类企业所能做的只是对质量的监督和审查管理，这也是片面的，并不是我国实施监理制度的根本需求和考虑。

（二）工程监理的性质

监理从其为项目提供的服务来看，应该算是咨询行业的一个细分领域。监理主要的工作内容就是专门为工程建设的各个环节提供决策建议和管理服务。监督制度的深入推进实施是工程建设领域逐步实现全球化的一项重要措施。按照国务院颁布的《建筑法》来看，监理是代理的一个分支内容，监理是受委托人委托并代表委托人行使各项监管权力，如果由于监理企业自身原因导致工程质量未达到业主合同要求并造成损失，那么监理企业要对自己工作失误承担责任并依法依规予以赔偿。我国的施工监理主要是以投资、进度和质量等规划目标为导向而进行的管理模式，而监理则主要充当了第三方的角色在业主和承包人之间，通过专业的工程监理技术和方法开展协调、统筹、控制，因此，工程监理基本上都具备了咨询服务性、科学性、公正性和独立性等特点。

（三）工程监理的主要工作内容

根据我国当前工程监理领域的基本内涵和特性,监理主要提供以下服务内容:

（1）建设前期阶段：主要围绕项目的可行性开展各类分析工作,辅助业主完成相关的前期准备工作。

（2）设计阶段：从委托方提出有关需求开始直到选定相关承包单位并出具相应成果的全过程,为委托方提供咨询、决策建议等服务。

（3）施工招标阶段：从招标文件的起草编辑直到对相应的投标单位进行检查、评估等过程中,为业主提供决策咨询和服务工作。

（4）施工阶段：协助业主和承包商编制开工申请报告,确认其选定的分包商,并批准其提交的规划方案等相关书面文本材料,并对其中存在异议或不足的地方作提升变动建议,督查施工方提交的各类文书、报表,督查施工进度,验收子项目,发放付款凭单,监督合同的充分执行,调解纠纷,组织设计和施工单位验收竣工工程,审查项目结算。

（5）保修阶段：负责检查工程使用和运行情况,评估质量问题的责任,监督保修。

二、水利建设工程监理

作为水利建设施工过程中不可或缺的重要步骤,水利建设工程监理已经是水利设施建设的重要组成部分,并对其建设施工保驾护航,从而构建起合理、有效的监督管理系统。在实际工程建设需求的基础上,开展监理分析,然后形成相应的解决方案,从而不断提高工程建设监督管理成效,促进工程的顺利推进和完工。

水利建设工程监理是工程监理活动的一种典型代表,同时也因为此类工程的高度专业性和复杂性产生了其独具特色的工作内涵。水利建设工程监理是委托方在行政主管部门有关规定和合同约定下,为实现工程的质量、进度和投资达到组织计划的需求和目标,采取各类技术和措施对工程进行监督审查的过程。对建设工程实施监督控制,以使工程的质量投资进度达到预期远景。水利类的建设项目往往在功能上具有繁复多样的特性,工程建设过程中的牵涉面更是多元,特别是引水渠道和野外工程,交通条件差、工程战线长、水电通信设施不完善,涉及多个村庄，外部协调任务艰巨。在这种现实条件下，水利建设工程监理的相关从业人员需要有良好的组织协调能力，能够敏锐地察觉不合理现象，尽最大可能排除对工程施工产生破坏或者影响的各类情况，最终实现项目建设的既好又快又省，同时能够正常运转并实现其实用功能。

三、项目管理

（一）项目管理的发展历程

最早将项目管理的理论和方法引用到工程建设领域是在 40~50 年前，由西方部分较为先进的国建最先开始，并且在不到 10 年的时间内陆续在大学创办了相关的专业学科。项目管理的应用首先是在业主的工程管理方面，然后逐步在承包商、设计方和供应商中推广。

到了 20 世纪 70 年代中期项目管理企业便开始蓬勃发展，并开始服务于建筑工程领域中的各类参与企业。国际咨询工程师联合会（Fédération Internationale des Ingénieurs–Conseils）在 20 世纪 80 年代初正式退出了关于业主单位和相应的项目管理企业的合作条款。从当时的市场来看，主要承担项目管理工作的以建造师为主，建造师可以在建筑工程领域相关参建单位、承包单位和设计供应企业间自由穿梭，也能够在高校教育、科研机构和行政主管单位开展相关的活动。而且其在项目管理中所涉及的工作范围不仅仅限于施工建设阶段，而且覆盖了从项目立项落地开始到工程移交业主后的维护保修等。

我们国家在 1980 年左右最早接触了项目管理的方法和知识，并应用于建筑领域，而且当时给予基础设施建设极大资金和投资支持的世界银行等国际金融组织更加倾向于接受开展项目管理的建设工程业主申请贷款；同一时期，当时的国家"计委"也倡议在项目前期实行项目经理责任制。从此以后，项目管理陆续在未来将近 20 年过程中，在政府的支持和市场的自我发展演变下，逐渐初具雏形。

目前，项目管理已不再强调以单个项目的改进为中心的具体管理过程，而是将项目管理作为企业战略目标和企业资源的总体规划引导下的项目组合管理概念。只有坚定不移地贯彻和落实目标管理，才能加快我国项目管理企业与国际市场相匹配，完成标准化项目管理企业的顺利转型。同时，还要积极学习演化相关理论和方法，从项目管理的各个环节、要素入手进行本土化、特色化和国产化的演变和适应性改造，简言之，谁最适合市场的项目管理系统，谁就受市场的青睐。从目前来说，虽然该领域的成长阶段并不长，但是其显现出来的强大的活力已经逐渐成为当前管理学科实际应用于市场和实际工作的典范和标杆，也必定会成长为未来企业运营组织模式突破创新的一个风向标。

（二）项目管理的基本内涵

在各类项目管理理论中对于项目的定义、描述有很多，一般来说，主要是指在时间、资金和人力等都相对有限的条件下，运用逻辑性和全局性的措施、技术和理念对项目所涵盖的各个环节和各项内容进行统筹调配、规范管理的过程；是覆盖了一个项目（工程）从立项投资、资本运作开始，通过多元的组织管理、协调把控和评估判断等过程，直至项目完成各项既定目标并收尾。本文主要讨论的是项目管理在工程建设领域中的应用，其主要内容有：

（1）项目范围管理：主要是指为了保证项目的最终实现，而对项目设计的工作内容进行方位划定和管控的过程，包括了项目各环节、阶段工作内容的定义、规划和调整等。

（2）项目时间管理：主要是指为了有效控制项目在规定的时间内得到落实或者完成的管理手段，主要需要明确活动内容、前后计划和时间估算等工作内容。

（3）项目成本管理：主要是指为通过各项费用投资预算等措施，以实现项目的实际运作费用在合理的既定目标范围之内的过程控制。

（4）项目质量管理：为了保障项目最后能够符合委托方对质量方面的需求和指标而进行的管理过程。

（5）项目人力资源管理：主要是指为了服务项目顺利运转和执行对各个环节、组织进行人力资源优化配置、提高人员绩效的管理过程，包括组织规划、团队建构、人员选聘等工作内容。

（6）项目沟通管理：主要是为了项目顺利运行而对组织内部各组织和外部不同机构之间的衔接、反馈、传递等渠道进行管理的过程，主要有制定方案、传递沟通和相关报告等内容。

（7）项目风险管理：主要是指通过对各类可能影响项目顺利开展和推进的各种不稳定条件进行识别管控、评价评估和应对措施制定的过程。

（8）项目采购管理：主要是指为了得到本身所具备的资源之外而向外界获取资源或者某种服务而进行的管理过程，包括方案制定征购，资源取舍等工作。

（9）项目集成管理：主要是指为了使项目整体运行顺利而进行的集约化项目管理过程。

（10）项目利益相关者管理：简单来说就是协调处理好与项目有利益关系的各方需求，并通过监理有效的沟通、协商渠道妥善地满足各方利益诉求、解决矛盾冲突，以得到更多的支持从而确保项目最终目标的实现。

第五节　水利建设工程监理项目管理模型分析

一、水利建设工程监理项目的生命周期

项目生命周期是项目发展的一个重要特征，通过对项目在推进过程中的不同阶段的分析管理，让整个管理过程形成前后衔接、循序渐进的逻辑联系，从而为制订相应的工作实施计划和人员安排等提供重要参考和决策部署依据，同时通过对时间段的分析把控也能更好地实现精准投，更方便开展工程项目不同发展阶段的评估。根据项目生命周期"立项、计划、实施和收尾"四个阶段的基本特性，对水利建设工程监理在实际开展中的不同发展阶段的主要工作内容进行梳理，通过创建 WBS 工作分解结构（Work Breakdown Structure），可以得到图 2-1 所示水利建设工程监理项目工作分解结构：

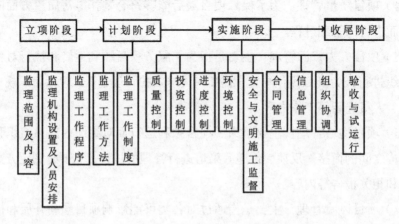

图 2-1　水利建设工程监理项目工作分解结构

通过根据生命周期构建的 WBS 模型，对水利建设工程监理项目在逻辑上进行了清晰的梳理，比较直观地反映出水利建设工程监理项目在推进各个阶段需要开展和落实的各项管理工作和活动。

二、水利建设工程监理项目立项阶段

立项阶段应该说是项目目的的一次发展和深化分解。在这个阶段，确定了该项目的监理范围、服务内容，并确定重要的项目管理执行机构和组织成员。

（一）水利建设工程监理的范围、内容

水利建设工程监理范围一般包括工程施工期及保修期监理，在合同中同时明确了总服务期的时长、施工期和保修期的时长。监理服务内容包括设计、采购和施工三个方面：

（1）设计方面：通过审核相关技术设计文书，将发现的问题分别以口头和书面的形式向委托方作情况反馈；组织召开或者协助召开并参与委托方牵头的设计技术交底会议，同时及时帮助委托方联合设计方对重大技术问题和改进方案建议举行论证会等。

（2）采购方面：协助委托人进行采购招标；同时协调组织委托方对进入现场的永久工程设备开展质检交验等。

（3）施工方面：

① 对委托人开展的施工招标和合同签订等内容进行协助处理。

② 认真落实施工合同管理，就资格资质等内容对分包商进行审查，审查无误报请委托人复核。

③ 组织协调委托人根据合同要求提供必要的开工基础场地设备等条件，并就此确认好开工的准备情况。

④ 对承包人提交的合同规定的相关文书进行检查核验。

⑤ 对承包人提供的各类施工组织进度、措施等计划内容和各类施工工艺技术的试验结果进行审查核验。

⑥ 进度控制：合同委托人进行总进度计划的编制工作并审核承包方提供的相应配套施工进度，并在施工过程中对其进行落实情况的检查，引导承包方按时按

期完成预期目标进度成果；若进度因故无法按期进行，需要承包方调整计划并为委托人提供相应的进度调整决策参考。

⑦ 施工质量控制：对承包方商的质量管控制度和实验室条件进行审查；根据施工相关的约定和规范，对整个过程进行审核监督，重要的部分、关键过程进行监理旁站；依据有关规定，对承包商的工程设备、建筑材料、建筑组件、中间产品跟踪检测和并行检测，审核承包商自我评估项目的质量水平，并对其制定的质量缺陷处理方案进行审查并参与相应的问题调研工作。

⑧资金控制：协助业主方准备付款计划；监督审查承包方上报的经费流转计划；对承包方实际履行的任务完结率进行审查；对承包方上报的申请支付报告进行审查，并出具支付凭单；受理索赔申请建议；提出处理意见；处理工程变化。

⑨ 施工安全控制：对承包方上报的安全控制方案和单元建设计划进行审查，并核实其执行成果；并对防洪疏浚相关举措的执行情况进行核验；参与安全事故调查。

⑩ 协调施工合同各方之间的关系。

⑪ 根据合同和规章制度等要求及时参与相关施工项目的验收工作，并落实好相应监理材料的整理归档，协助业主方查验承包方的实际履约程度；提前筹备并完成验收前准备，整理监理相关材料后并以书面形式上报监理实施情况。

⑫ 档案管理：登记并反馈施工建设监理情况，并对相应材料进行归档汇总，项目收尾时根据监理档案相关条例全面与委托人进行交接。

⑬ 对承包方在保修期相应的执行情况进行督促和监督，当已经交接的项目工程发生质量问题时，要及时对问题原因进行调查取证并给出相应的解决方和建议。

⑭ 根据保险协议或合同做好施工现场的合同保管工作；并帮助业主方将相关文书和支撑材料上交至保险公司。

⑮ 其他相关工作。

（二）水利建设工程监理项目机构设置及人员组成

按照工程监理的实际需求，项目工作组在水利建设工程现场设立"××公司××工程监理部"（以下简称监理部）。为保证现场监理工作优质高效的开展，采用直线职能制组织结构形式管理，监理部主要设置办公室、专业组和监理组。

监理由总监理工程师全面组织协调各项工作按照合同条款的规定履职和履责。另外，公司组织一支由高级技术人员和经济人员组成的顾问专家团队，对监理工作的开展和重大设计变更和技术方案进行现场督导。监理部设副总监、总工各一名，协助总监工作，总监暂时离岗时由副总监主持监理部的工作。相关工作人员根据施工进度和监理工作大纲及时选派到位，确保正常、顺利、有序开展相关工作。此外，为切实保障监理项目的高效运转和监理人员的专业水平，需要在立项阶段明确监理部相关机构和人员的工作职责和职权，主要包括：办公室职责、专业组及组长职责、总工职权、办公室主任职权，以及水工、地质、造价与合同管理、安全、测量、机电设备及金属结构等类型工作人员的监理职权等。

三、水利建设工程监理项目计划阶段

根据水利建设工程监理项目的实际需求，在计划阶段需要明确并规范该项目的监理工作程序、方法和制度等。

（一）水利建设工程监理工作程序

参照一般工程项目监理的程序，该水利建设监理项目的工作程序主要有：

（1）签署相关协议，划分工作范围和内容及相应权责。

（2）成立施工现场的监理部，按约派遣工作人员进驻现场。

（3）对于项目有关的规章制度和条例法规以及技术规范、相关设计文本以及各类合同进行分析梳理，全面掌握工程项目的各项内容。

（4）制定项目的监理规划和具体的实施办法、方案。

（5）对本项目的监理主要工作内容进行交底汇报。

（6）开展监理工作。

（7）对承包方的材料汇总情况进行审核督导。

（8）协调组织并主动参于各单元、单位等工程及永久设备的验收工作，根据工程进度及时签发工程交接证等各类必要文书。

（9）监理费用的支付收缴。

（10）上报各类监理文本及总结报告至业主方。

（11）归还因工作需求所保管的相关资料设备至业主方。

（二）水利建设工程监理的工作方法

按照水利建设工程监理项目的需求，结合有关工作规范，水利建设工程监理主要有以下工作方法：

（1）现场记录：清晰记录每日人员、气候、环境、设备、材料及施工中出现的各类状况和问题。

（2）发布文件：采用文件形式进行施工全过程的管控。

（3）旁站监理：依照合同，全过程检查与监管项目关键程序和部位。

（4）巡视检验：监理机构对工程项目进行检查与监管。

（5）跟踪检测：承包商检查试样之前，监理单位应当检查其测试人员、设备和测试程序和方法，主管承包商进行测试时，应当进行监督确认整个过程的程序和方法；检查当时，需要监管全程，确保流程方法的有效，并确认检验结论。

（6）平行检测：在承建方开展自检程序时，监理部同时对承包方的自检结果进行复查核验。

（7）协调：对项目各参与方的关系和工程建设过程中产生的分歧和问题，监理部要及时进行调和处理。

（三）水利建设工程监理工作制度

水利建设工程监理项目采用总监首要责任制。总监是工地现场技术、行政责任者，代表公司履行监理职责；副总监协助总监工作，在总监不在工地现场时履行总监职责；其他工程师根据各自的专业职能，在总工指导下独立开展管理监督，并对其负直接责任。项目监理部将根据公司的规章制度，制定项目监理部的包括技术、经济、行政在内的一系列激励和约束相结合的管理办法和制度，强化从业人员的培育和约束，保证相关业者能够切实按照职业规范和职业道德认真履行自身职责。公司将依据规章制度和项目监理部的管理办法和制度，不定期地对项目监理部进行检查和监督，并定期进行考核，以确保工程的优质、按期完工。按照政府部门对一般监理项目的规定，同时结合水利建设工程的实际需要，监理部需要编制的相关规章条例有：

（1）图纸会审和技术交底制度。

（2）施工组织设计审核制度。

（3）设施材料的质检制度。

（4）核心隐蔽工程及分部工程的质监。

（5）关键工序质量控制制度。

（6）单位及单项工程的中间环节验收制。

（7）设计变更处理制度。

（8）现场例会及纪要的签发制。

（9）施工备忘录签发制度。

（10）紧急情况处理制度：

①工程款支付签审制度。

②工程索赔签审制度。

③监理部内部学习制度。

④监理工作日志制度。

⑤监理月报制度。

⑥监理部内部责任制等。

四、水利建设工程监理项目实施阶段

水利建设工程监理项目实施阶段主要是水利建设工程监理项目开展的具体工作，根据水利建设工程监理项目工作分解结构，在本阶段主要开展工程的质量、投资、进度和环境控制、安全与文明施工监督，合同、信息管理和组织协调等工作。

（一）质量控制

水利建设工程监理项目的质量控制主要以主动和事前事中控制为主，被动及事后控制为辅，严格按照水利建设工程监理项目质量控制流程图，按照审核技术质量文件，落实好现场巡查和旁站审查、试验检测等环节。

（1）事前控制：主要是组织协调各设计方进行交底，并对建设方提交的各项计划措施进行审核；对开工前的各项试验都要进行督查；不断强化管理，在施工现场配备各类实际工作需要设备、技术人员，对建设方自查结果进行重新校验核对；对建设过程中需要用的各类设备仪器进行检查，同时对各类进场材料进行严格的质量查验，充分利用平行抽查等方式确保各类设备能够正常运转；此外，对开工前的其他各项筹备事项进行审查，并对参建各方的书面材料进行分析，最后通过书面方式将监理意见反映给有关参建方，保证工程建设各项内容都在合同规定和制度规范下开展，从而实现对工程质量的把控。

（2）事中控制：现场监理部仔细甄别施工过程中各环节、区域的重要程度，根据不同程度分层分类采用各类监理手段和措施对质量进行控制和管理。如果在现场出现质量问题，要根据问题的不同程度发布和下达相应的指令或者上报建设方并协调开展专门会议对问题进行商议、处置，合理规避此类问题导致的对工期的延误。

（3）建立完善质量保证体系：从行政部门的监督、监理部的控制和承建方的质保三方面出发，切实构建并强化工程质量保证体系；并参照监理项目管理办法贯彻总监负责制，做到职责清晰明确，有效衔接监理工作的质量控制体系。

（4）图纸的审查和确认：开工前要审核各种相关文书设计图稿；在此过程中，首先监理部进行审查，同时进行施工单位的意见征询；其次协调组织设计施工等建设各方通过会议等形式进行交底协商，如果出现问题应及时做好会议纪要并反馈至相关方，最终由总监签署审核意见。

（5）单位工程开工程序：在开始施工前进行相关计划的审核工作，并由总监签发通过审查的相应指令。

（6）工程放样与施工测量：组织协调设计建设单位转移各类工程所需的标识和材料至施工方，并由施工方进行相应的复查；在此期间，根据工程实际需要增设相应的永久性标识，并将相关结果报备监理部；同时，监理派遣专职的技术人员进行审查，通过后施工单位以此为依据进行放样。

（7）工程质量检测：

① 施工单位检测的任务：主要包括在开工前进行的材料配比工艺试验和参数试验等原材料质量控制程序；各单项（单元）工程、隐蔽工程取样检验，整理好各检测的原始数据及相关记录，为单项（单元）及隐蔽工程的验收做好资料收集整理的准备工作；对监理人员开展的各类检测试验和抽查要做好配合；在此期间参与各类检测试验的人员和相应设备条件均需具备与项目工程要求相匹配的资质和条件。

②监理质量检测的任务：核查并确认工程质量满足各项技术规范及合同的明确要求；检查施工单位的测试和质量检验工作；审查施工单位的测试结果、检验报告和质检信息；复检的施工单位在施工过程中的检测和测试结果；不定时检查施工单位的测试实验室，检查实验室设备配置及仪表及测量测试证书；配合好业主单位组织的质量问题处理的研究工作，并积极参与其中；单元、单位和隐蔽工程的验收需要监理部全权负责，并积极协助参与业主组织的竣工验收委员进行收尾工作，并评价项目质量情况。

（8）工程质量等级评定：主要按照单位、分部和单元划分；其中单元工程（过程）检验和质量评级，由施工单位质量部门自我评估后，向监管部门报告评审，报告施工单位应当提交竣工图纸以及必要的音视频材料和其他报告；在施工方自查后由监理部组织复审分部工程；单位工程由施工单位报请监理部进行评定。

（9）过程质量控制措施：主要采取旁站巡视和抽样等方法。

（10）行使质量否决权：施工现场发现质量问题，根据问题的不同程度发布整改、停工等不同程度的指令；在没有查清楚问题原因，没解决问题，没有完全贯彻各项预防措施手段情况下，不得复工；当遇到重大问题时，监理部要及时上报。

（11）质量分析会：根据实际情况适时开展质量分析，分析通报并协调处理项目建设情况。

（二）投资控制

投资控制是工程监理的重要工作内容和措施之一。因为投资事关业主的核心经济利益，因此，监理部要严格按照约定督促施工方定期上报月结报表，经总工监察核定并送呈建设方作为支付依据，对于出现质量问题的环节，监理部有权不予签发相关支付指令。

（1）工程计量：凡经过监理验收，符合质量规范的工程才能提请计量。所有需要进行计量的项目都严格以相关图纸、合同为依据。

（2）工程支付：仅根据投标书等实现约定的工程量单价，针对且只针对质量合格的计量工程，按照不同类别、不同项目进行支付结算。

（3）工程变更项目：在工程建设过程中变更或者新增项目都会对投资造成

极大的影响，因此，监理部对此类现象需要重点把关：在设计方提请变更后，施工方按照合同约定编制相应报告，并提交监理部；监理部以征询单形式报业主并附监理部审核意见供业主参考决策；业主审批后，监理部按批示意见进行后续计量支付流程。

（三）进度控制

通过事前、事中和事后控制，并采用各类组织技术经济的措施对施工进度加以管控，从而确保工期目标的顺利实现。在开始施工前要及时审核组织设计等；监理部根据组织设计在施工建设过程中及时跟踪进度，并根据实际情况向施工方提出优化建议；监理部根据施工情况以会议形式对关键项目实施严格控制。一般情况下，施工方在中标后一个月内应提交施工总进度计划至监理部，并按照水利建设工程监理项目进度控制流程所示，进行进度控制管理。其中，审核查验总进度要按照：

（1）每月 25 日前施工方上交下月进度计划至监理部审核。

（2）每月 26 日前施工方上交当月工程进度报表至监理部。

（3）每日对施工实际进度进行检查，做好记录和统计工作，并及时与施工计划进行比对，若出现进度延缓，要尽快通知施工方通过不同方式改进。

（4）在施工过程中，监理单位及时对施工单位投入施工的人力、设施等的状态、型号、数量组织常规检查和记录，若发现其不能满足施工进度时，要及时向施工单位发出整改要求，并在要求的期限内采取措施并解决问题。

（四）环境控制

环境保护监理的任务主要有三方面：一是对环境保护措施进行全过程控制，包括进度控制、质量控制和投资控制；二是掌握环境保护项目建设的各方面信息及其管理；三是组织协调建设施工单位间的冲突和纠纷。环境保护监理的基本工作程序有：

（1）签订监理合同，梳理环保管理的具体内容和彼此责权。

（2）指派相关人员进驻现场。

（3）掌握环保相关的各类政策法条规范，全面了解并掌握工程中与环保有关的各类文书条款。

（4）实地探查污染源，并对其特点等情况进行分析核查。

（5）编制环境保护监理规划。

（6）进行环境保护监理工作交底。

（7）编写环保控制的相关管理条例。

（8）实施环境保护监理工作。

（9）及时整理并归档环保相关档案资料。

（10）结清监理费用。

（11）将环保控制的有关资料、档案和总结提交业主单位。

（12）将施工单位提供的档案资料、文件和设备移交给业主。环境保护监理包括巡视旁站、环境数据监测、协调处置、环保月报审查和公众监督反应等。在此过程中主要采取以下环境保护措施。

大气污染防治。承包人须采取措施确保产生的废气、粉尘达到国家排放标准。

①砂石料加工、拌料等工序必须采取防尘措施。

②覆盖封闭各类容易产生扬尘的车辆，防止物料滑落伤人和粉尘污染。

③道路及施工路面须定期洒水，以防道路扬尘污染。

④各类燃油机械须安装消烟除尘设备。

⑤建设现场严格杜绝燃烧各类易产生有毒物的材料。

弃渣固体废弃物的处置。根据《固体废弃物污染环境防治法》的有关规定，按设计要求把施工弃渣等送到指定弃渣场，严禁随意堆放弃渣固体废弃物。

①存储废渣、固体废物的场地必须具备防护措施，避免边坡不稳定和溃坝风险。

②建设好临时垃圾储存设备，避免随意倾倒和污染，并经常进行清除和土地覆盖。

土地利用和水土保持。在施工时，承包人应按约履责，通过不同手段做好环境资源保护，保护好水土和植被：

①遵章按约使用土地，不得出现任何形式的土地侵占、占用行为。

②妥善做好作业面表层土壤的保留，以便恢复施工前的地表特征或土壤造田。

③在规划区域内进行土壤和沙石采集、处理等操作，必须做到场地平整，防

止水土流失，必须设置围堰或保留植被缓冲区，任何侵蚀损害在规划区域内。

④砍伐植被、清除地面土壤或其他时，不可超出设计的范围区域，严禁肆意破坏草灌等植被。

⑤应根据地形、地质条件对道路、通道和其他建筑采取工程或生物措施，以防不稳定，山体滑坡、坍塌或土壤侵蚀，禁止在易造成坍塌滑坡的区域挖掘和采集沙石等物料。

⑥防止因工程弃渣等阻截施工区内的河、沟、渠等水道，阻碍行洪或加剧水土流失。

⑦施工完成后，施工方需要按约及时清理施工现场，并平整土地恢复绿化；

⑧对安置区内和库周、山坡以及丘陵的开发工程，要严格执行水土保持有关法律法规，以防诱发水土流失。

（五）安全与文明施工监督

1.安全施工监督管理

安全生产管理要尽量避免发生重大的安全责任事故。安全生产监督工作分为施工准备和施工两个主要阶段：

（1）施工准备阶段的安全监理。这一阶段的主要任务是安全监理的预控制，建立安全监理的工作程序，对可能存在的不安全因素进行预控制。

①按照施工需求和技术特征建立科学适用的安全监理流程。

②了解现场环境、人为障碍等因素，调查可能导致意外伤害事故的其他原因。

③熟悉施工中使用的新方法、新材质，掌握其相应的标准和使用规范。

④审批各项目执行单位安全资质和证明文件。

⑤审查承包人编制的安全技术及防护措施。

⑥检查工程施工时所必需的设施设备、工程材料和相关人员是否符合现场施工条件和安全状态。

⑦督促承包人完善并落实安全生产工作流程和责任体系，定期对进场人员开展教育。

⑧安全设施设备的检查。

（2）施工阶段的安全监理。

① 核查有关安全生产文件执行的情况。

② 对承包商实施安全管理现状进行检查。

③ 对工程的安全管理规范和相关管理人员的配置等情况进行检查。

④ 检查工艺、技术、材料的安全措施的落实情况。

⑤ 对承包商上报的工程安全检查报告进行审核。

⑥ 审核并签署现场有关安全技术文件。

⑦ 跟踪监督审查工作人员对安全管理措施的落实情况。

⑧ 定期开展施工和设备安全检查。

⑨ 视项目进度做好日常巡视，并做好重要部位的抽检工作。

⑩ 做好施工现场的检查和监督，对每道工序检查后，做好记录并确认。

在以上两个安全监督管理阶段中主要采取以下措施：

① 以安全第一，预防为主为指导思想和管理理念。

② 督促承包人建立健全安全生产责任制等施工安全管理体系。

③ 督促承包人落实好生产人员的安全警示教育和安全举措交底。

④ 审查施工方案及安全技术措施。

⑤ 按照相关规范条例要求检查承包人各分项和各工序、重要区块的防范措施落实情况。

⑥ 督促承包人做好保洁卫生、防火、避寒、消暑等工作。

⑦根据有关规定定期开展安全生产检查和评比活动。

⑧ 对违规开展的工作要及时叫停并要求其进行停工整顿。

2. 文明施工监督管理

参照行业文明施工条例等有关规定进行文明施工管理。

（1）文明施工监督主要任务：

① 加强作业环境的防护监理。

② 做好安全文明施工的监督检查。

③ 督促承包人做好工程管理，完善技术规程，保证地下管道和防汛设备安全、畅通。

④ 督促检查承包人强化防护手段，避免建筑尘埃、建筑垃圾等对道路、绿化

和环境的不良影响。

⑤督促承包人严格按规定的位置堆放物料、管道、机具，建设临时设施。

⑥督促承包人及时处理好建筑噪声污染。

⑦协助承包人创建"安全文明工区"。

（2）文明施工监督管理措施：

①根据有关法律规章的要求执行落实好文明生产的相关规定。

②监督承包人认真执行并建设好文明生产责任制等安全体系。

③督促承包人做好不同工种人员的资格认证管理和文明生产教育。

④审查施工方案及文明生产相关举措。

⑤检查并督促承包人建立健全《文明施工管理细则》和《职工文明守则》等规章制度，实行部门和职员岗位责任制度。

⑥监督做好消防、防暑降温、卫生防疫等工作。

⑦针对不文明现象不定期组织文明生产综合检查。

（六）合同管理

合同管理的目标是监督工程各方按要求履行合同义务、权衡各方合法权益，是工程监理的基本职责之一。

1.合同管理的主要职责

（1）公平、客观管理。

（2）熟悉合同内容，并对重要内容做好释疑工作。

（3）对履约中产生的冲突进行协调处理。

（4）监督施工方履约状况。

（5）公平公正地处理索赔问题。

2.合同管理的主要方法

合同管理涉及项目全过程，包括进度质量资金和协调组织等，也就是说，相当于全过程管理。监理单位要指派专门的监理工程师进行合同管理，合同管理主要是做好对合同的理解，熟悉参建各单位在合同中的相互关系，明晰合同条款。在此基础上，采取以下合同管理方法：

（1）工期管理：要求施工方在开工前提交施工总进度计划，并由监理单位落实审批工作，此后分月、分段地实施督查，根据影响进度的不同原因督促各方尽快解决或改进有关问题。

（2）质量管理：检验。工程使用的材料、设备质量及部分半成品的质量；按合同规定检查工程施工质量。

（3）结算管理：竣工结算是施工合同的最后一步，在此之后发包人应按规定办理相关手续；对于保修期内的施工合同，在合同规定的时间内，发包人与施工单位在保修条款内仍存在权利和义务关系。

3. 合同管理的主要措施

合同管理的使命是，全方面了解文件项目有关文书，能够确切解释合同文件内容，及时分析合同履行过程中发生的违约行为或事件的原因，并向发包人和违约方反馈。要公平公正地处理合同纠纷和合同赔偿事件，推进合同履约率的逐步提高。在此过程中主要采取以下措施：

（1）安排监理人员专门做好汇总梳理、存储保管等合同资料的工作。

（2）对合同文本进行详尽的研究、分析，将合同条款分化到工程实施的具体阶段和具体工程项目上，以此为依据拟定相关的监理实施细则和制度。

（3）组织监理人员认真学习领会合同各项内容，从而明确建设各方责权区分，避免出现违约行为。

（4）根据合同及经济法规要求，建立监理通讯单、监理通知单制度，监理部与发包人、各施工单位及其他各相关部门均以书面文字形式作为最后根据。

（5）增强并协调发包人、各承包单位及主管部门之间的合同执行进度、合同关系，促进、审查各方合同责任完成情况。

（6）强化对各类往来信函等文书的检查，并编制记载，避免各方出现违约情况。

（7）根据法律、合同相关规定公正、合理处理索赔相关事务。

（七）信息管理

监理信息管理的基本任务是实施最优控制，通过汇总分析处理、保存、检查和反馈等环节，进行科学的、合理的决策及妥善协调建设各方的关系，提高工作效率，确保监理工作自动化、标准化、规范化和系统化管理。在管理过程中主要有设计信息、施工信息、建设单位信息和监理信息四大类。

1. 设计信息管理

设计信息主要指监理签发的各类图纸、技术规范标准及相应各类变更等文书，针对设计信息主要采取以下管理措施：

（1）设计方应根据合同约定按时提交相关文件并履行好职责。

（2）监理审核并认可的文件应尽快签发并督促施工方落实。

（3）当施工方对设计文件存在异议时，应在施工前书面上报监理，以便及时作出改动避免施工损失。

（4）如果因为环境等因素和设计文件不匹配影响了施工，建设方要及时报告监理部并积极采取措施处理或者提出变更意见建议。

（5）工程施工中，施工方必须接受监理部签发的整顿修改文书。

（6）未经监理许可，承包方不得将设计文件挪作他用或转移他人。

2. 施工信息管理

施工信息主要指项目实施过程中与施工有关的设计及计划、技术措施、材料供应计划、测试报告及各类相关的往来信函和图文材料。针对施工信息主要采取以下管理手段：

（1）按照合同和监理部的规定，施工方应上报项目实施期间的所有与施工有关的文书材料。

（2）若因自然环境等不可控因素或施工条件出现严重改变，则须对已报批的相关文书进行明确的变动，并重新报请监理部审批。

（3）各类上报材料均需一式6份。

（4）各类监理审核主要包括照此执行、按意见修改执行、改后重报（7天内重报）等。

（5）监理部审核施工文件应不超过4天，否则视通过处理。

3. 施工单位信息管理

施工单位信息主要指纪要简报等各类文书。其中，向业主报送的各类材料需报监理部审核转呈；业主关于建设施工的指示由监理部签转。在此基础上，监理机构应向发包人提供的信息和文件及其包括的主要内容如下：

（1）监理月报（定期）：项目概述、大事记、进度情况、资金到位和使用、质量监理、履约情况、往来信函、施工人员、施工安全、环境管控、工程进展图片和其他。

（2）监理工作报告（不定期）：工程优化设计、变更的建议、投资预测及资金配置和投入的建议、进度分析报告等。

（3）日常监理文件：日记、大事记，计划措施、进度调整批复，支付确认，索赔调查处理，协调会议纪要等文件（以上文件报送份数均为6份）。

4. 监理信息管理

监理信息主要指工作期间编制的各类文书，及其他与参加各方的往来公函文件。针对监理信息主要采取以下管理方式：

（1）监理报告制度：监理人员定期通过书面形式就分工工作的进度情况向监理部汇报，监理部向建设方定期提交整体进度情况的报表报告。

（2）签发对外文件须总监签管后方能报送。

（3）常用监理表单：施工单位向监理报送的表格、监理工程师用表格、内部表格。

（八）组织协调

组织协调工作要以合同和相关法律法规为依据，以监督、服务为宗旨，充分协调各方意见建议，确保各项工作顺利推进。

组织协调的工作方式与原则主要有以下几点。

1. 主要工作方式

（1）监理工程师须深入现场掌握施工动态，一旦发现需要有关质量、进度、投资、安全及总体组织协调等问题，要及时同有关方面直接协商解决。

（2）参加业主组织的各有关单位协调会议时，应对需要业主协调解决的问题进行研究，积极参与研究解决方案，并接受有关协调任务。

（3）根据建设的需要，监理工程师应组织和主持各种协调会议，会议涉及业主、设计和施工单位，会议协调解决质量、进度、投资和安全等问题，根据会议编写会议纪要并分发各方遵照执行。

（4）若经协调仍无法达成一致，监理工程师必须从项目的整体利益和整体目标来考虑，及时采取决定、指示或规定，在业主授权下协调统一建设活动。

2.组织协调的原则

（1）坚持总体协调的原则。

（2）组织协调各项目时须避免影响其他合同项目的进行及其他监理单位所监理工程项目的进行。

（3）及时报告业主协调处理不在监理职能范围内的问题。

项目相关参与者的组织协调：

1.承建方和业主间组织协调

监理人员根据项目合同和有关规章，明晰两者履约职责；根据项目进度，协调业主按约完善施工条件：

（1）在开工前处理好移民征地及其善后。

（2）按时将水、电等设备接到规定的地点。

（3）生活生产所需的各类场地。

（4）按计划供应质量合格的材料。

（5）按时定期支付建设、工程款项。当发生合同纠纷时，监理部应秉持按时推进项目的目标，组织人员及时处理调和。

2.施工与设计间的组织协调

（1）检查和监督设计方按时提供施工图，处理好图纸和施工之间的冲突问题。

（2）签发设计文件和施工图纸后，及时组织设计交底；综合各方意见后，设计方相应修改通知或以会议纪要形式确认。

（3）尽快协调处理设计方面的问题，并及时会同承包方研究设计方的意见建议并实施。

（4）对于合同文件要求设计单位直接参与的地质编录、隐蔽工程验收等项目，监理工程师接到建设单位相关申请后，应到场确认并尽快落实设计的时间。

各合同项目的总体协调：

1.施工总布置协调

（1）基于施工总布置：各项目施工所需的生产生活场地、道路、弃渣、仓库及设备的区域布置及使用情况需要进行细致部署和协调，避免冲突。

（2）基于工程合同：在确保重点工程建设基础上，配合好风、水、电、永久性建筑材料和设备的供应和共享的大型设备协调使用。

（3）如果建筑布局超出限定区域，则要求建设方以书面形式报告监理部，核准后报送业主；如果其他工程建设活动干扰本项目，监理工程师应当直接向对方管理单位反映，尽量协调处置，对方管理单位如果解决不了，则及时提请业主进行处理。

2. 施工进度协调

（1）根据项目的总体进度的要求，协调施工单位（包括分包商）之间的分时段安排，关注关键节点项目进展，确保项目进度有序推进。

（2）落实协调会议制，就所有合同项目进展定期组织协调，检查、落实承包商的进度现状，并协调处理施工中存在的问题，让项目建设过程中各项安排实现总体进度协调控制的目标。

（3）施工期间，根据合同、安全、文明相关要求监督施工方，并协调解决干扰问题，消除各种拖延进度的可能性。

3. 施工质量协调

（1）工程建设质量坚持施工质量标准、质量测试方法和各种质量评价标准、质量检验和验收签证程序相统一。

（2）协调质量分析会常态化进行，讨论并通告各个施工环节的质量，处理好各单位对质量产生干扰的问题。

（3）根据流程协调分项以及分部项目的签验工作，协调合同项目工作面或质量确认的流程。

4. 施工安全协调

（1）每个合同的施工组织设计和方法都需要严格审查，仔细研究对方的安全影响，避免任何其他合同建设项目工程产生的不可控和不利影响。

（2）监督每一个建设方施工的安全管理制度，落实好相关管理部门发布的安全生产规章制度，协调各类查验安全漏洞的活动常态化进行。

（3）在项目启动之前，及时协调处理好建设方落实开发可靠的技术手段和保护举措；当出现安全事故，要协调各方及时分析事故原因并立即报告，协助公平公正妥善处理。

五、水利建设工程监理项目收尾阶段

水利建设工程监理项目在实施阶段的不同时期，已经完成了工序、单元和分部、单位工程验收等过程。当工程已按设计要求和合同要求施工完成并可发挥工程效益，经一定审核后水利建设工程监理项目进入收尾阶段，应及时协助并参加由业主单位组织的验收委员会进行竣工验收，通过验收后指导建设单位等限期向业主单位办理资产移交手续。

（一）竣工验收应具备的条件

在满足以下条件的基础上，监理部方可组织协调开展竣工验收：

（1）工程按设计要求和合同要求建成完工。

（2）各项目工程验收、阶段（中间）验收和单位工程验收合格，并在保质期内完成了尾部工程和质量缺陷的处理，完成施工现场的清理工作。

（3）各独立运行的项目已具备正常运行的条件。

（4）工程运行已经过一定（汛期等）考验，各单位工程运行正常。

（5）安全监督机构出具相关鉴定报告并认可。

（6）资料已经整理就绪，且业主已经审查通过。

（二）竣工验收委员会的主要工作

竣工验收委员会由业主及其他监督机构和项目参与方代表构成，主要开展以下工作：

（1）听取项目工程各参与方汇报工作情况。

（2）进行施工检查验收、审查竣工有关材料。

（3）对工程施工是否契合设计及合同要求作出全面检查和评定。

（4）对合同工程项目质量等级作出评价。

（5）对项目相关工程正式验收、投产运行进行评估。

（6）审查收尾工程清单及竣工限期和缺陷保修期。

（7）就竣工验收商议并审批相关鉴定意见文书。

（三）竣工验收的主要流程及内容

施工单位经自检达到了验收有关的各项条件，同时做好了验收前的准备工作，就可以按合同要求和双方确定的期限向监理单位或者业主单位提交验收申请。在收到验收申请的同时，业主单位或监理单位应在规定的时间内对工程各项目的完成情况进行检查，准备好相应的资料，如有必要，应组织初步审查，初步审查认为符合验收条件后，由验收委员会进行验收。竣工验收需要注意以下内容：

（1）监理部应督促工程施工单位在竣工验收90天前提交相关申请报告，主要包括工程施工报告、备查台账资料和合同文件规定要求报送的其他资料。

（2）监理收到验收报告后，需在28天内告知施工方报告中的不足和异议，否则，应当在56天内完成预审预验，并及时向业主提交已完成的竣工验收。

（3）若在此过程中出现问题，需由验收委员会与其他设计方协调处理，当产生分歧时应以验收发的决定意见为准，并以此为据落实各方责任。

（4）项目已经按照约定完成，在没有移交业主前，由施工单位管理维护，直到竣工验收等合同规定相关条款到期。

第六节　ZD引水枢纽工程监理项目实例分析

一、ZD引水枢纽工程介绍及项目管理思路

（一）ZD引水枢纽工程概况

ZD引水枢纽工程是一项浙江省水资源配置的重大工程，ZD引水枢纽工程位于钱塘江、浦阳江和富春江的三江汇合口处，主要为萧山、绍兴、宁波、舟山等地区的工业用水及农业灌溉提供用水，设计的引水流量为50立方米/秒。根据水利水电枢纽工程防洪标准及等级划分规定，可以确定ZD引水枢纽工程为I等工程。一级建筑为泵站、引水闸及其两侧盘头；三级建筑为下游翼墙、引水河道；四级建筑为施工围堰等建筑。闸站工程处于杭甬运河新坝船闸左侧约700米处。在堤后69.94米处布置闸站。枢纽从外江到内河方向，依次由交通桥外侧引河段、堤顶交通桥—闸站前段—闸站段—内河侧闸站后段—闸站后输水河道。ZD引水

枢纽工程的设计单位为浙江省水电勘测设计院，杭州恒兴电力有限公司（负责35VV供电线路及开关站），监理单位为浙江水电建筑监理公司，土建施工单位为浙江省第一水电建设集团有限公司，机电设备、金属结构设备及安装单位为浙江江能建设有限公司，35VV供电线路及开关站施工单位为杭州恒晟控股集团有限公司，水泵电动机组由日立泵制造（无锡）有限公司提供，浙江广川咨询提供观测服务（注：为引述方便，以下仅以设计单位、建设单位、监理单位、施工单位等表述）。

（二）ZD引水枢纽工程监理项目管理思路

根据图 2-1 水利建设工程监理项目生命周期的阶段划分，并结合本工程建设监理的实际情况开展各项项目管理活动。

（1）ZD引水枢纽工程监理的立项阶段：本阶段是整个枢纽工程建设的初始目标的发展和认知阶段，在这个阶段，需要明确枢纽建设工程监理项目的监理范围、服务内容，并确定重要的项目管理执行机构和组织成员。

（2）ZD引水枢纽工程监理的计划阶段：为保证枢纽工程的施工建设能够在监理的介入下实现质量、进度、节省投资等目标，需要在此阶段根据引水枢纽工程监理的实际需求，明确并规范该项目的监理工作程序、方法和制度等，从而为枢纽工程在实施建设施工过程中的顺利推进奠定管理基础。

（3）ZD引水枢纽工程监理的实施阶段：主要是ZD引水枢纽工程监理开展项目管理的具体工作内容，在本阶段主要开展ZD引水枢纽工程建设过程中的质量控制、投资控制、进度控制、环境控制、安全与文明施工监督、合同信息管理和组织协调等工作。

（4）ZD引水枢纽工程监理的收尾阶段：ZD引水枢纽工程监理项目在实施过程中根据工程建设的不同阶段，将完成工序验收、单元验收、分部工程验收、阶段（中间）验收和单位工程验收等中间验收控制环节。当枢纽工程已按设计要求和合同要求施工完成并可发挥工程效益，经一定审核后项目可以进入收尾阶段，需要及时协助并参加由业主单位组织的验收委员会进行竣工验收，通过验收后指导建设单位等限期向业主单位办理资产移交手续。

二、ZD 引水枢纽工程监理项目的立项阶段

（一）ZD 引水枢纽工程监理的范围、内容

ZD 引水枢纽工程监理范围为工程施工期及保修期监理，总服务期 34 个月，其中施工期 22 个月，保修期 12 个月。监理服务内容包括设计、采购和施工三个方面。工程项目划分开工初期，由施工单位提出，工程监理部组织讨论统一意见后，向质检站提交工程项目划分意见，经质检站批准，共划分三个单位工程，分别是闸站、引水河道、交通桥工程。

（二）ZD 引水枢纽工程监理项目机构设置及人员组成

浙江省水电建筑监理承担 ZD 引水枢纽工程的施工监理任务，并在工程现场设立了"ZD 引水枢纽工程监理部"，配备了总监理工程师、副总监理工程师和相关的各类监理工程师和监理员。监理部实行总监理工程师负责制，由总监、副总监、监理工程师、监理员等 14 人组成。

三、ZD 引水枢纽工程监理项目计划阶段

监理部根据监理投标文件及合同文件编写了监理规划，在此基础上，根据工程内容和设计规范编写了监理实施细则，制定了监理例会、技术交底、旁站监理等制度，并采取了监理月报、监理日志、旁站记录等方法。根据实际工作需要在工作内容上采取以下措施：

控制方面包括：

（1）工程所用原材料、半成品督促施工单位自检，监理部抽检检测制度，报质检站和业主备案。

（2）工程组织设计文件、工程技术措施的审批制度。

（3）关键部位旁站监理，各工序间检查验收签证制度。

（4）设计交底、图纸签发制度（实际主持召开设计交底会 10 次）；主持召开设计交底会。

管理方面包括：

（1）合同文件和技术档案、资料管理制度。

（2）监理日志制度、监理月报（实际编制监理月报 23 份）。

（3）计量、支付审核制度：

① 每月定期召开协调会制度（实际主持召开监理例会 27 次）。

② 视进度适时举行专题会议制度。

③ 监理部的内部会议制度及管理制度。

四、ZD 引水枢纽工程监理项目实施阶段

实施阶段主要是 ZD 引水枢纽工程监理项目开展的具体工作，根据图 2-1 水利建设工程监理项目生命周期，并结合本项目实际监理需求，在本阶段主要开展工程的质量控制、进度控制、投资控制、安全监督和信息管理等工作。

（一）ZD 引水枢纽工程监理项目质量控制

按照水电工程施工质检与评定规程和验收规程（SL223—2008）、水利技术标准汇编（水利水电卷）、工程承包合同、监理审查签发的设计文件（含施工图纸、联系单、技术要求等）、业主有关质量方面的条件、书面指令和其他相关国家规范及规程等的要求，严格建立完善质量保证体系，坚持主动控制和事前、事中控制为主，被动控制、事后控制为辅的原则，认真开展图纸的审查确认和放样与施工测量，在本章节主要阐述工程的质量检测、评级和施工过程控制情况。

工程质量检测：

1.监理抽检由省水电工程质检站抽检

（1）钢筋原材料 34 批、钢筋焊接 11 批；水泥 10 批，砂 7 批，石料 14 批；铜片、土工布、砖各 1 批；外加剂 2 批，全部符合设计或规范要求。

（2）混凝土试块监理取得检验报告的共有 313 组，全部符合设计及规范要求。

（3）灌注桩动测 326 根，全部为合格桩（I类桩 306 根，II类桩 20 根）。其中：堤顶交通桥 33 根（I类桩 26 根，II类桩 7 根）；闸站基坑支护 70 根（I类桩 69 根，II类桩 1 根）；闸站上游岸墙 25 根（I类桩 23 根，II类桩 2 根）；闸站上游翼墙 43 根（I类桩 42 根，II类桩 1 根）；闸站上游导墙 11 根（I类桩 11 根）；闸站上游拦污栅交通桥 9 根（I类桩 9 根），闸站下游翼墙 51 根（I类桩 47 根，II类桩 4 根）；闸站下游导墙 9 根（I类桩 8 根，II类桩 1 根）；闸站下

游拦污栅交通桥 3 根（Ⅰ类桩 2 根，Ⅱ类桩 1 根）；1#跨河桥 42 根（Ⅰ类桩 39 根，Ⅱ类桩 3 根）；2#跨河桥 30 根（Ⅰ类桩 30 根）。检测数量和频率全部符合检测要求，截止目前，没有检测到不合格的材料应用到工程项目，质量数据真实可靠。

2. 施工自检：

原材料和混凝土试块检测频率符合规范要求，已取得的检测报告全部符合设计要求。

3. 第三方检测：由杭州求实质检站检测

（1）原材料检测黄砂 3 批，碎石 3 批，水泥 3 批，钢筋 4 批，钢绞线 1 批。混凝土回弹检测 22 个构件，其中闸站梁柱回弹 2 个构件；下游左、右翼墙各回弹 1 个构件；左右岸墙各回弹 1 个构件；堤顶交通桥预制梁板回弹 2 个构件；跨河 1#桥预制梁板回弹 5 个构件，桥墩回弹 1 个构件，跨河 2#桥预制梁板回弹 2 个构件；沿河 4#桥预制梁板回弹 1 个构件；宿舍楼梁柱回弹 3 个构件；食堂梁柱回弹 1 个构件；办公楼梁柱回弹 1 个构件。钻孔取芯共 9 组，其中上游导墙、翼墙取芯各 1 组，泵站进出水池底板取芯 1 组、引水闸下游消力池底板取芯 1 组，泵站底板取芯 1 组，引水河道护坡取芯 4 组。上游翼墙土方回填筑干密度 2 组，引水河道土方回填干密度 2 组。检测结果均符合要求。

（2）金属结构及启闭机共抽检 7 次。其中 28 台启闭机一、二类焊缝分别按 5%、3% 比例抽检，长度分别为 5 米、1 米，拦污栅焊缝检测长度共 2 米。28 扇闸门一类、二类焊缝检测比例分别按 20%、10%，长度分别为 73.5 米、135.7 米。检测结果均合格。

工程质量等级评定：

质量等级评定主要根据上文中工程项目划分的三个单位工程进行，分别是闸站、引水河道、交通桥工程。

1. 闸站单位工程

（1）基础处理与开挖分部工程：共 372 个单元工程，单元工程质量全部合格，施工自评均为优良单元，优良率 100%；监理复评、法人认定 349 个优良单元，优良率 93.82%。其中重要隐蔽单元工程、关键部位单元 333 个，施工自评均为优良单元，优良率为 100%；监理复评、项目法人认定 349 个优良单元，优良率

93.09%。分部工程验收签证工作组评定质量等级为优良。

（2）上游连接段分部工程：共80个单元工程，单元工程质量全部合格，施工自评均为优良单元，优良率100%；监理复评、项目法人认定75个优良单元，优良率93.75%。分部工程验收签证工作组评定质量等级为优良。

（3）上游进出水口段分部工程：共111个单元工程，单元工程质量全部合格，施工自评110个优良单元，优良率99.1%；监理复评、项目法人认定104个优良单元，优良率91.89%。其中重要隐蔽单元工程、关键部位单元工程5个，施工自评、监理复评、项目法人认定均为优良单元，优良率100%。分部工程验收签证工作组评定质量等级为优良。

（4）闸站段（土建）分部工程：共89个单元工程，单元工程质量全部合格，施工自评均为优良单元，优良率100%，监理复评、项目法人认定85个优良单元，优良率95.51%。其中重要隐蔽单元工程、关键部位单元工程36个，施工自评均为优良单元，优良率100%；监理复评、项目法人认定35个优良单元，优良率93.9%。分部工程验收签证工作组评定质量等级为优良。

（5）下游进出水口段分部工程：共64个单元工程，单元工程质量全部合格，施工自评均为优良单元，优良率为100%，监理复评、项目法人认定优良单元62个单元，优良率96.88%。其中重要隐蔽单元工程、关键部位单元工程5个，施工自评、监理复评、项目法人认定均为优良单元，优良率100%。分部工程验收签证工作组评定质量等级为优良。

（6）下游连接段分部工程：共17个单元工程，单元工程质量全部合格，施工自评均为优良单元，优良率100%；监理复评、项目法人认定优良单元16个单元，优良率94.1%。分部工程验收签证工作组评定质量等级为优良。

（7）金属结构及启闭机安装分部工程：共104个单元工程，单元工程质量全部合格，经施工自评102个优良单元，优良率98.1%；监理复评、项目法人认定100个优良单元，优良率96.2%。分部工程验收签证工作组评定质量等级为优良。

（8）主机泵设备安装分部工程：共42个单元工程，单元工程质量全部合格，施工自评、监理复评、项目法人认定42个单元均为优良，优良率100%。其中重要隐蔽单元工程、关键部位单元工程3个，施工自评、监理复评、项目法人认定均为优良单元，优良率 100%。分部工程验收签证工作组评定质量等级为优良。

（9）辅助设备安装分部工程：共 15 个单元工程，单元工程质量全部合格，施工自评、监理复评、项目法人认定 13 个单元均为优良，优良率 86.6%。分部工程验收签证工作组评定质量等级为优良。

（10）电气设备安装分部工程：共 62 个单元工程，全部单元工程质量合格，经施工自评 60 个优良单元，优良率 96.78%；监理复评、项目法人认定 58 个优良单元，优良率 93.55%。分部工程验收签证工作组评定质量等级为优良。

（11）观测设施分部工程：共 3 个单元工程，全部单元工程质量合格，施工自评、监理复评、项目法人认定 3 个优良单元，优良率 100%。

2. 引水河道单位工程

（1）河道开挖与处理分部工程：共 27 个单元工程，全部单元工程质量合格，施工自评均为优良单元，优良率 100%；监理复评、项目法人认定 24 个优良单元，优良率 88.89%。

（2）护底分部工程：共 47 个单元工程，全部单元工程质量合格，施工自评 46 个优良单元，优良率 97.87%；监理复评、项目法人认定 35 个优良单元，优良率 74.47%。

（3）护坡分部工程：共 389 个单元工程，全部单元工程质量合格，施工自评 355 个优良单元，优良率 91.26%；监理复评、项目法人认定 315 个优良单元，优良率 80.98%。

（4）堤身分部工程：共 250 个单元工程，全部单元工程质量合格，施工自评 242 个优良单元，优良率 96.80%；监理复评、项目法人认定 218 个优良单元，优良率 87.20%。其中重要隐蔽单元工程、关键部位 187 个单元工程，施工自评 181 个优良单元，优良率 96.79%；监理复评、项目法人认定 168 个优良单元，优良率 89.83%。

3. 交通桥单位工程

（1）堤顶交通桥子单位工程：已完成 5 个分部工程评定，分部工程验收签证工作组评定质量等级均为优良。

（2）1#跨河桥子单位工程：已完成单位工程验收，单位工程验收签证工作组评定质量等级为优良。

（3）2#跨河桥子单位工程：共211个单元工程，单元工程质量全部合格，施工自评优良203个单元，优良率96.21%；监理复评、项目法人认定196个优良单元，优良率92.89%。其中重要隐蔽单元工程、关键部位单元工程109个，施工自评105个优良单元，优良率96.33%；监理复评、项目法人认定103个优良单元，优良率94.50%。监理复评、项目法人认定的共2 799个单元工程，全部单元工程质量合格，其中2 546个优良单元，优良率90.96%。

施工过程控制。对于关键部位和重要程序要执行旁站；一些尤为关键的环节需组织业主及建设相关方以团队形式进行验收。在此期间，主要根据相关规范和技术文件，强化质量控制，前道工序不完成绝不投入后续进度。本工程需旁站监理的工程重要部位是机电设备及金属结构重要部位安装等。

1. 金属结构闸门及启闭设备安装监理

（1）金属结构闸门及拦污栅门槽埋件安装时，主要开展巡视、旁站等方式的监督；埋件安装完毕，在施工单位三检制的基础上按国家有关规范及设计要求对埋件的位置和几何尺寸偏差进行检查，验收合格后浇筑二期混凝土。

（2）闸门制造：监理部安排专人不定期到生产厂家，对生产过程中的钢板厚度、门体几何尺寸、防腐涂层等质量进行跟踪检测，从源头控制质量。

（3）闸门和设备出厂验收：8月18日，业主、设计、施工、监理一起到日立泵制造（无锡）有限公司进行出厂检验，对转轮静平衡、转轮与外壳间隙进行了检测。8月27日，业主、设计、监理进行闸门、启闭机出厂验收，检查了启闭机、闸门、门槽的有关质检资料，并对启闭机进行了空载运行试验。

（4）施工单位和第三方检测的闸门和启闭机钢架Ⅰ类、Ⅱ类焊缝的超声波检测比例和探伤一次合格率均符合规范要求，对超出规范允许偏差的焊缝全部作出了返工处理：

① 闸门制造共有Ⅰ类焊缝203.456米，自检探伤长193.532米，一次返修长4.950米；Ⅱ类焊缝总长1 317.296米，自检探伤长541.160米，一次返修长7.050米；探伤一次合格率98.4%；第三方检测Ⅰ类焊缝探伤长73.5米，探伤一次合格率100%；Ⅱ类焊缝第三方检测探伤长135.7米，探伤一次合格率100%。

② 启闭机钢架制造共有Ⅰ类焊缝 70.832 米，自检探伤长 41.628 米，一次返修长 0.402 米；Ⅱ类焊缝总长 116.840 米，自检探伤长 57.420 米，一次返修长 0.450 米；探伤一次合格率 99.1%；第三方检测Ⅰ类焊缝探伤长 17.7 米，探伤一次合格率 100%；Ⅱ类焊缝第三方检测探伤长 1 米，探伤一次合格率 100%。

③ 根据水利水电工程的启闭机制造安装及验收规范和使用许可管理办法的相关要求，第三方检测对一台启闭机进行了关键项目和非关键项目检测，结论为合格。

2. 机电设备安装监理

（1）设备到场时，业主、监理、施工方和制造商代表共同开箱检验、清点设备，主要检测设备规格、模型、数量，并检查设备生产许可证和产品质量证书；注意检查其外观品相，确认是否存在问题，记录并作出评论。

（2）设备安装过程监理：

① 根据工程设计和规范要求，在设备安装过程中和安装完成后，要深入现场对设施的埋件、埋管施工进行检查、测量、验收，确保埋设安装质量，防止施工中出现遗漏和失误等。

② 机组预埋件安装时，采取巡查、监理旁站等方式进行监督；埋件安装完毕，在施工单位三检制的基础上按国家有关规定及工程设计要求对埋件安装进行质量验收，合格后交付土建单位浇筑二期混凝土。

③ 对泵组的中心找正、轴线摆度调整、电动机转子穿芯、转轮间隙和电机空气间隙调整等关键工序，安排监理全程旁站，并按国家规范和设计要求进行验收，在上道工序安装质量验收合格后，才准许进入下道工序的安装施工。6 台机组安装质量全部满足规范要求。

④ 对电气设施的安装，根据设施的安装、使用标准要求，认真做好相关设施设备的安装和试验、调试施工的监管，对各项试验和调试工作全程参与，严把设备的试验、调试质量关。

⑤ 根据电气装置安装中对于电气设备交接试验相关标准，第三方检测对泵房、启闭机房、办公楼、宿舍楼接地网的接地电阻进行测量，结果符合设计要求，各接地网的接地电阻均小于 1.0 欧。

（3）严格把握设施试运转质量关。

①静态调试：对闸门、启闭机系统、技术供水系统、渗漏排水系统、消防供水系统的分系统运行及对计算机监控系统进行静态模拟开、停机试验，其流程正确、各设备动作正常。

②动态调试：同年9月21日8时，3#机组首台启动，到9月23日15时机组运行结束。各机组连续运行24小时，机组轴承温度稳定、主轴摆度、噪声等质量指标，均符合规范要求。

（二）ZD引水枢纽工程监理项目进度控制

现场监理部在对ZD引水枢纽工程实施进度控制的依据来源有：

（1）与进度有关的合同内容。

（2）经审查同意后施工规划：包括施工组织设计（土建、金结标施工组织设计，基坑支护、口门施工、靠船墩等专项施工组织设计）；施工专项方案（基坑土、石方开挖、围护拆除、房屋拆除、桥梁板安装、口门爆破、口门围堰、河道排水、闸门、启闭机安装等）；其中，审查批复土建、金结机电标施工总进度计划，按月审查推进情况。

（3）业主的书面指令及其他有关控制依据。结合以上要求，并根据进度控制中相关工作程序和规范开展进度控制。在项目建设期间，在对工程推进情况与组织方案进行比较对照时发现，因为闸站段地质变化和设计变更，闸站基坑围护和石方开挖延误工期，致闸站段工程进度滞后，要求施工单位采取赶工措施，并对更新整改后的闸站工程施工进度进行审查批复。

（三）ZD引水枢纽工程监理项目投资控制

监理部对工程进行投资控制的主要依据有：

（1）主管部门审查批准的工程概算。

（2）业主单位与承包商签署的合同文件和招标文件。

（3）业主单位在投资控制等方面的书面材料及依据。在施工过程中，工程计量、工程支付及工程变更项目相关计量支付均参照前文投资控制相关流程和要求规范进行。

（四）ZD引水枢纽工程监理项目安全监督及信息管理

1.ZD引水枢纽工程监理项目的安全监督

在监理实施过程中，制定了本工程安全监理制度，根据省水利行业的有关规定，建立《监理安全会议台账》《监理安全检查台账》《安全监理活动台账》《安全事故监理台账》等共7本台账。每月月底定期或不定期组织参建单位进行安全生产检查，确保安全生产。审查批复情况：安全管理手册（土建标、金结机电标）、专项方案（高空作业、起重机、工程脚手架、临时用电、度汛等）。由于建设各方的重视，开工至今未发生安全事故。

2.ZD引水枢纽工程监理项目的信息管理

根据水利行业和档案局有关要求，及时、准确、完整地收集和掌握相关信息，督促施工单位对各种资料进行分类汇总并整理成册。

五、ZD引水枢纽工程监理项目收尾阶段

经现场监理部的审查并经业主单位审核确认，ZD引水枢纽工程符合工程竣工验收条件，监理部积极协助业主并组织参与竣工验收委员会一起开展各项验收工作。

（一）竣工验收委员会的组成

ZD引水枢纽工程竣工验收委员会由浙江水电建设控股公司、浙江水电设计院、杭州恒兴电力、浙江水电建筑监理公司、浙江第一水电集团、浙江江能建设、杭州恒晟控股、日立泵制造（无锡）有限公司、北京前锋科技、浙江水利水电工程质量监督检验站等单位的人员组成。

（二）主要工作内容

（1）审查批准施工单位编制的闸站通水及机组启动试运行文件、闸站通水及机组启动试运行操作规程。

（2）检查引水闸、泵站及配套附属设备、闸门及启闭机安装、调试、试验以及分部试运行情况，决定是否进行引水闸、泵组带负荷预运行。

（3）检查引水闸、泵组带负荷连续运行情况。

（4）检查泵组带负荷连续运行后消缺处理情况。

（三）验收基本情况

（1）9月5日上午，工作组首先分为电气、金属结构及水机两个小组进行现场检查，经工作组检查，闸站各设备工况良好，满足试运行条件。下午13：30分4#机组开始试运行，在运行过程中有间隙不均匀异响，约20分钟暂停试运行，随后3#、5#、2#、6#、1#机组先后运行了约10分钟，各机组在运转行进过程中还存在不同程度的间隙不均匀异响。工作组经讨论分析，异响可能是流道检修孔混凝土预制盖板在运行过程中震动所致，为了确保安全，工作组决定暂停运行，对所有机组进行检查和消缺处理。

（2）9月7~20日，根据设计要求，施工单位将流道内混凝土预制盖板更换为钢盖板并固定。在此期间，参建单位对1~6#孔进出水流道进行了全面检查，除混凝土预制盖板外，没有发现新的安全和质量隐患。

（3）9月21日8：30分，3#机组首台启动，至9月23日18：00分机组运行结束，机组连续运行时间符合启动试运行要求。各机组振动、主轴摆度、噪声、定子温升、电动机启动电流及启动电压降等指标均满足规范和设计要求。

（四）验收结论

ZD引水枢纽工程状况符合闸站通水及机组启动验收条件，各项已经完成的工程单元均达到质量合格，实现了预期目标。经过试运行，闸门、启闭机运行情况良好，机组各导轴承温度和振动均在正常范围，机组辅助设备和配电设备运行情况良好，各种控制、保护、监视系统运行正常，达到了国家有关规范要求和设计标准。

六、ZD引水枢纽工程监理项目管理效果评价

浙江省水利水电建筑监理公司受ZD引水管理处委托，对ZD引水枢纽工程建设施工进行监理。在监理工作的落实过程中，主要根据政府部门的政策法规和工作规范、标准化准则等，在"四控两管一协调"的工作内容上，全面完成了合同约定的相关监理任务。通过项目计划阶段的认真谋划，监理部配备了高素质的监理人员，监理工作制度明确清晰，保证了监理组织的高效运行。工程监理过程

中最为关注的进度投资和质量都设置了合理的控制点，充分发挥了监理在工程开展期间的动态监督管理效能和作用，各项管理举措和监督系统都得到了长足的进步和完善，促使整个建设过程更加稳定。在项目实施阶段，监理部发挥监理单位丰富的水利建设工程监理优势，结合科学的流程管理和监理方法，使本工程达到了设计要求。在项目收尾阶段，监理认真协助并参与业主组织的验收委员会相关工作，各项验收标的均符合质量验收标准。经监理工程师的事前、事中的质量控制，全部达到了合格，确保了工程施工安全并满足了工程使用的各项功能要求。经过两年多运行，ZD 引水枢纽工程运行良好，不仅提高了引水分流能力，而且确保了后期东扩工程的顺利开通，达到了工程项目的预期目的。从 ZD 引水枢纽工程中可以看到，项目管理在水利建设工程监理中具有比较好的适用性质，进一步规范了监理部的内部管理，完善和改进了设施建设和监理程序，更加清晰地明确了相关工程师的工作职责和内容，从而强化了工作人员的责任意识和担当意识。例如，经过反复测试 4# 及其他机组在运行中出现的不均匀异响，工作组果断暂停运行，对所有机组进行检查和消缺处理，经过整整 16 天的整治终于完成消缺，虽然推迟了验收并增加了施工方的管理和运行成本，但是确保了项目的高质量和高标准，也体现了监理团队树立的高度责任感和职业自觉。由此看来，尤其是对工程质量要求比较高的项目，更能充分发挥项目管理在管理协调、质量控制、进度控制和安全控制等方面的科学管理实效。

水利建设工程投资规模大、工期长、复杂程度高、涉及面广，这些特点注定了工程监理的复杂性和重要性，本文就项目管理理论运用到建设工程监理中的可行性和必要性进行了一定解读和研究，求证了建设工程监理具有比较明显和典型的项目管理理论中所要求的相关要点。构建了一般水利建设工程监理的项目管理模型，具有比较强的工程实际应用价值，同时通过实例分析进一步确定了运用项目管理理论推进工程建设监理的合理性。

应该说工程监理就是工程类项目管理的一种较为经典的形式。工程监理的整个工作职责和管理过程基本上覆盖了目前项目管理学科所研究的主要内容。在项目管理学科理论中提出的范围管理、进度管理、成本管理、质量管理、沟通与冲突管理、合同管理、风险管理七大职能，从实践意义和功能性角度看，与工程监理项目中的四控、二管、一协调具有密不可分的匹配度，同时项目管理理论中的项目经理角色也在工程监理中的总监理工程师身上找到了共通点。应该说经过研究，从逻辑上和理论上再一次求证了现代项目管理论运用到当前监理行业的合理性，也为当前监理企业转型工程项目管理企业提供了一定的参考。

项目管理很好地改善了当前工程监理管理的随意性。应该说针对工程监理项目，尤其是水利建设工程这类复杂程度高、涉及面广的监理项目，将生命周期和工作分解结构等项目管理的方法相结合并应用于监理工作中，提高了监理方的工作层次和水平，有效加强了水利工程监理的管理，不断促使建设单位完善管理制度，使每项工作落实到人，防止产生交叉管理和资源叠加，最大限度降低了协调管理盲区，通过快速和及时的反馈做到上通下达。此外，通过管理流程中对各工作组相关工作人员职责、职权的明确和规范也进一步提高了监理企业的水平和公平性，在一定程度上减少了当前工程监理中对监理工程师"请吃送礼"的混乱局面，有效提高了水利建设工程的管理水平，确保了工程的质量和投资效益，同时规范了工程监理的运转、管理机制和程序，切实保障了业主的利益。

第三章　水利工程项目质量管理

第一节　相关文献综述

项目质量管理作为项目管理的核心内容，往往决定着项目管理的关键内容，甚至决定了项目的成败。因此，近年来，项目质量管理一直是项目管理研究的重点和热点问题。

一、国外研究综述

质量作为企业在竞争中赖以生存的根本保证，一直是国外理论界和实践领域研究和应用的重点问题。项目质量管理作为项目管理的核心内容，也一直是国外专家研究的重点领域，其在项目管理的基础理论和应用实践领域都取得了丰硕的成果。从文献考察来看，国外质量管理的发展历程主要经历以下三个阶段：

（1）20世纪40年代之前的质量检验管理阶段。这一阶段的代表人物是提出科学管理理论的美国质量管理学家泰勒。这阶段对质量的管理主要采取的措施是检验制度，即在产品出厂时对所生产的产品进行检测，对照产品质量标准，一旦发现产品不合格就予以剔除，保证所生产的都是合格产品。这样，通过增加检验管理这一环节来保证所出售产品的质量，因此，这一阶段称为质量检验管理阶段。

（2）20世纪40—50年代的统计质量管理阶段。由于质量检验管理阶段属于等产品生产出来之后进行质量检验，虽然在一定程度上保证了所生产的产品质量，但是在出厂阶段被剔除的不合格产品对企业来说也是一种损失和浪费。为了避免上述因生产不合格产品所造成的损失，学界积极探寻新的质量管理方法，在保障质量标准的前提下最大限度地避免损失。为此，学者们借助统计科学知识，应用到质量管理领域，创造了质量控制理论，其中，比较有代表性的人物是美国质量管理专家休哈特和道奇，二人将数理统计方法引入质量管理领域，创立了统计过程理论和抽样检测理论，而且休哈特还创立了过程监控的工具——质量控制图。因为这一阶段使用了大量的数理统计知识来进行质量管理，所以，这一阶段又被称为统计质量管理阶段。

（3）20世纪60年代之后的全面质量管理阶段。这一阶段的代表人物为美国质量管理学家费根鲍姆（A.V.Feigenbaum）与约瑟夫·朱兰（J.M.Juran）。费根鲍姆认为要用系统或者全面的方法去管理质量，在产品形成的早期就要建立质量管理机制，而不是产品生产之后再进行产品的质量检测和控制，并且在质量管理的过程中所有部门必须参与，不仅仅是生产部门。而约瑟夫·朱兰在《朱兰质量手册》中详细阐述了关于全面质量体系计划和实施的基本观念和方法，具体包括全面质量管理的概念、过程、活动组织以及在这些过程中所使用的现代管理方法和工具等。全面质量管理的核心思想是在质量管理过程中要坚持"三全"的原则，即坚持全面原则、坚持全过程原则和坚持全员参与原则。随着国外学者对项目质量管理的关注，在学界也涌现了一批项目质量管理的理论成果，诸如对项目质量的复杂性问题研究逐步深入，Linehan和Kavanagh（2000）两位学者提出了项目实体论，通过已有的项目实体来认识项目。而对于解决项目质量复杂性的方法研究，McGrath（2001）认为通过选择学说和试错学习两种方法可以有效解决项目质量管理复杂性问题，SvenjaC.Sommer和ChristophH.Loch（2004）、Gohen和Graham（2006）也赞同此类观点。在科技进步的带动下，尤其是计算机网络技术的创新和应用的支持下，在21世纪初一些新的质量管理理论和成果不断涌现。因此，质量管理理论的发展正如约瑟夫·朱兰博士所言："20世纪是生产率的世纪，21世纪将是质量的世纪。"

二、国内研究综述

我国项目管理的研究晚于西方发达国家，直到20世纪60年代，著名数学家华罗庚先生才将项目管理的理念引入中国，这一时期项目管理统一被命名为运筹学。从20世纪80年代开始，一些项目管理方法逐步被引入中国，这一时期，同济大学丁士钊教授和中国建筑学会都积极在国内宣传项目管理及其方法，这些努力都对项目管理在我国的传播和发展起到了重要作用。在实践领域，1982 年我国利用世界银行贷款在鲁布格水电站项目上真正使用了项目管理技术，主要采取国际招标的形式，使用项目管理技术工具和方法，项目质量控制有效，项目时间大大缩短，项目成本显著降低，最终取得了明显的经济效益。随着质量在工程项目中的地位日益重要，项目质量管理的应用范围逐步扩大，项目质量管理的理论和实践成果日益丰富，主要体现在以下几个方面：

（1）工程质量管理制度逐步完善。我国在 20 世纪 80 年代初就开始探索工程质量管理制度，陆续颁布了《关于改革建筑业和基本建设管理体制若干问题的暂行规定》《建设工程质量监督暂行规定》等文件，初步构成了我国工程质量监督体系。而国务院 2000 年颁布的《建设工程质量管理条例》则标志着我国建设工程质量管理走上了法制化轨道。

（2）国外项目质量管理经验借鉴研究。主要是通过对国外工程项目质量管理、质量监督、质量控制的应用实践的学习和研究，总结成功经验和有益启示，再结合我国基本国情和项目的实际情况，给出解决项目质量管理问题的对策建议。例如，黄武军（2005）主要介绍欧洲和北美等发达国家的工程项目质量检测管理的情况，在着重分析其特点的基础上，阐述对我国的借鉴与启示。邓建勋、周怡、黄晓峰（2008）借鉴法国工程项目质量管理经验，主张引入保险制度加强项目的质量管理。冯双平（2016）则借鉴美国施工项目质量管理经验，认为项目质量管理中要注重质量的全过程管理。

（3）水利工程的项目质量管理研究。汪恕诚（2005）、李蓉、郑垂勇、马俊、赵敏（2009）认为水利工程项目建设对生态环境产生重要影响，应促进二者协调可持续发展；舒红军、钟长虹、陈帮生、冉静（2012）认为工程项目质量的管理应包括施工前质量管理、施工中质量管理和施工后质量管理三个方面。曾金鸿（2007）针对我国水利工程项目质量中出现的主要问题提出相应的对策，强调市场信用体系和落实项目法人职责在项目质量管理中的作用。袁航、孙庆峰（2008）认为项目的外观质量是工程项目质量建设的重要组成部分，并从水工项目建筑物的设计、施工及建筑材料质量等方面入手，初步探讨了水工项目建筑物外观质量控制的方式和方法。王建设（2014）、刘海平（2014）工程项目质量的管理应该贯穿于工程建设的各个阶段。综上所述，国外无论是在理论上还是在实践中都注重全过程的项目质量管理研究，即从项目的规划开始一直到项目结束的整个过程都实施严格的质量管理。而且强化对出现质量问题的项目进行严肃处理，落实主体责任，通过对违法行为的严重惩处，约束和限制施工方和供应商的违法违规行为，保证了项目质量目标的达成。这些成功经验值得我们借鉴和学习。自20世纪80年代起，随着我国水利工程项目质量的理论研究和实践应用取得的诸多成果，使一些大中型水利工程的项目质量管理改革取得了一定成效，获得了不错的经济效益和社会效益。但在一些水利项目中出现的质量事故、工期拖延、费用超支等问题，对企业和社会造成了不良影响。究其原因，往往不是表现在技术或方法上，而是出在观念上，项目质量管理的观念还是薄弱，在工程前期忽视质量管理，勘探设计粗糙，不精确；在工程施工过程中出现违规分包问题和"隐性转包"问题；质量保证体系不健全等问题，质量控制的方法和手段运用较少，管理方法和管理模式严重滞后，整体还处于传统的质量管理阶段，很难适应现代水利工程建设的需要。而通过研究现代项目质量理论，对水利工程项目质量管理中存在的问题提出改进措施，正是本文的研究目的。

第二节　项目质量管理相关基础理论

本章主要阐述了项目质量管理的相关概念及意义，项目质量管理的基本原则和内容，梳理了项目质量管理的相关原理，为全文研究提供理论支撑。

一、项目质量管理的概念与意义

概念问题是一个问题研究的视角和逻辑起点，是研究能否取得成功的关键要素。因此，研究一个问题，首先对该问题的概念作一个清晰的界定。

（一）项目质量管理的相关概念

项目与项目管理。目前，理论界和实践领域对项目的含义还没有一个统一的定义，但大都认可项目就是在一定时间和成本约束的范围内、用于实现一系列项目目标同时满足项目质量要求和用户需求的一次性活动。因此，通常一个项目要有明确的时间约束、明确的规模和预算、达成的目标和效果，还要有一个临时性的项目组织来进行各项组织项目活动。一般而言，项目管理的对象是项目。而项目就是在一定时间和成本约束的范围内、用于实现一系列项目目标同时满足项目质量要求和用户需求的一次性活动。这个活动既有一定时间、资源条件约束，又要达成既定效果，客观上要求必须进行有效管理，这就是项目管理最基本的含义。要熟练掌握和运用项目管理思维，首先要对项目管理的内涵有一个充分的认识。项目管理是宏观管理范畴的一部分，是基于项目的管理活动。项目管理不仅具有管理的共有内涵，诸如管理就是决策，决策贯穿管理的全过程，是对组织资源进行有效组合而达成组织目标的一个创造性活动。因此，通过项目管理概念，我们了解项目管理贯穿于项目整个生命周期，是对项目进行全过程管理。项目管理活动有悠久的历史，项目管理的实践最早可以追溯到人类开始有组织的活动，如中国的长城、埃及的金字塔、古巴比伦的空中花园、古罗马竞技场、土耳其索菲亚大教堂等，都是项目管理实践的经典案例。

质量与质量管理。关于质量的定义，理论界有很多不同的说法，根据《项目管理知识体系指南》，质量就是实体产品满足客户需要的能力和特性总和。简言之，项目质量就是项目产品满足项目相关方需要的程度，项目各有不同，所以不同项目中的质量内容也是不同的，因而，对项目产品和服务的质量衡量标准则取决于项目相关方的期望与实际体验的匹配程度。

质量管理与项目质量管理。约瑟夫·朱兰博士认为所谓"质量管理，是制定与贯彻质量标准方法的综合体系，也是适用性的管理、是市场化的管理"。简言之，质量管理就是在质量方面指挥和控制组织协调的活动，而项目质量管理就是项目在质量方面指挥和控制组织协调的活动，是对项目的质量进行的全过程管理活动。在实践中，质量管理通常是指对实体（产品、过程或活动等）质量进行管理的过程，而质量管理的根本目的就是向顾客和消费者提供高质量的产品和服务，明确了质量管理的目标和作用就是使产品和服务达到三项要求：其一是满足需求；其二是价格便宜；其三是供应及时。

（二）项目质量管理的重要意义

质量一直是施工项目的"生命和灵魂"，项目质量不仅关系项目能否成功，而且关系人民群众的生命财产安全，尤其是在关乎国计民生的水利工程项目中更应重视项目的质量管理问题。所以，重视项目施工质量问题，加强项目质量管理，不仅是项目能否成功的核心问题，而且是关乎企业能否发展壮大的必经之路。这主要是因为加强项目质量管理一方面可以提升项目管理水平，提升项目投资收益；另一方面，加强项目质量管理还可以树立品牌形象，是企业壮大提高竞争力的重要支撑力量。所以，应重视项目质量管理问题，因为项目质量对于企业和国家都具有重要的战略意义。

二、项目质量管理的基本原则

项目质量管理就是项目在质量方面指挥和控制组织协调的一系列活动，在这些活动的质量管理过程中要坚持以下原则。

（一）以客户需求为中心原则

客户一般是"接收产品的组织或个人"，是企业生存和发展的依赖，因此，满足客户的需求和期望是项目运营的首要任务。在项目质量管理中，客户一般分为外部客户和内部客户两种，其中，外部客户主要是项目外部的相关者，如材料供应商、雇佣方等；内部客户主要源于项目内部，如各部门之间、上下游部门、岗位之间等。在项目实施过程中客户是动态的，应当不断地识别客户的类型。而且，有时候客户的需求也是动态调整的，坚持以客户需求为中心原则就需要项目的实施方对客户的需求不断加以识别和调整，以提高客户的满意度。

（二）组织领导和全员参与原则

在项目质量管理过程中，要发挥组织领导作用，项目管理层要发挥组织领导的作用，对项目质量目标的承诺以及促进全员的积极参与，对项目质量管理的保证并使项目的所有相关方都满意是至关重要的。而且在项目质量管理中，还要坚持全员参与原则，使与项目有关的全体员工都对项目质量予以高度重视，在项目的日常工作中，通过提升自己的本职工作效率和规范工作行为来为实现项目质量目标作出努力，这一原则也体现了全面质量管理（TQM）的思想。

（三）坚持信息系统方法原则

项目质量管理是一个系统的过程。首先，要完成项目质量管理，必须建立在科学、合理的项目基础上，并且完善项目架构所需的质量计划，再配合质量控制方案的合理安排，用系统方法进行必要的系统分析与调整，最后成为一个完整的系统项目。在这个系统项目质量管理过程中还要重视信息数据的收集与整理，因为项目质量管理需要即时的信息反馈才能及时掌握现场状况与消息，因此，建立有效、互动的即时反馈系统，才能确保项目质量目标顺利完成。因此，在项目质量管理过程中要坚持信息系统方法原则。

（四）坚持动态管理和持续改进原则

项目质量管理是一种动态管理的过程，也具有循环的特性，从开始制定项目目标，到编制各阶段质量计划，分配各阶段质量检查任务，确立质量完成目标，然后再进行项目质量规划编制，不断重复循环这个过程，确保各阶段项目质量管理顺利进行，换句话说，项目质量管理动态控制是不断从纠错修正中进行的过程。在项目质量管理中要坚持持续改进的原则。这是因为在施工过程中有很多因素都会影响项目的质量，而且各种影响因素是时刻动态变化的，所以，在项目质量管理过程中要时刻根据项目质量的完成情况坚持持续改进原则，项目质量管理才能得到不断完善和提高。

（五）坚持权责统一的原则

在项目质量管理中要坚持权责统一的原则。项目质量管理是项目系统性工作，需要项目组各部门相互配合才能完成，所以在项目实施过程中要处理好各部门在成本管理中的责权利分配，坚持责权利相结合的原则。确定项目质量的总目标后，各分项活动的质量目标分解以及在项目质量管理的各项活动中都要坚持责权利相结合原则，使项目质量目标能够落实到每个项目成员，通过每个分项活动质量指标的完成从而实现项目总质量目标，并按照权责统一原则对项目成员的质量管理工作进行业绩评价。

三、项目质量管理的过程和内容

项目质量管理过程就是项目在质量方面指挥和控制组织协调的一系列活动过程。主要包括计划、执行、控制和收尾四个阶段。而项目管理主要包括质量计划、项目质量保证、项目质量控制和项目质量验收四个内容。

（一）项目质量计划

通常而言，项目质量计划就是为了达成项目质量目标而实施的一系列工作计划和安排，项目质量计划是项目质量管理的首要任务，是项目质量保证和质量控制的前提和依据。编制项目质量计划首先要确定该项目总的质量方针，这是整个项目质量管理的指导思想；其次是通过对项目活动进行定义，形成项目清单，确定项目范围，并在此基础上对项目产出物进行描述，然后在上述工作的基础上，通过一定的方法对项目质量的标准和规则进行制定；最后形成项目质量计划表，为下一步项目质量计划的控制与管理提供基础和依据。

（二）项目质量保证

项目质量保证就是对项目施工要求能够达到项目质量计划的保证，它是一种事前性的和预防性的项目质量管理工作，也是项目质量管理的重要环节，它贯穿于项目实施的全过程。根据其工作属性可知，项目质量保证的具体工作内容有：一方面要清楚项目质量计划要求和明确项目质量标准；另一方面要通过组织建设完善的项目质量管理体系，保证项目质量目标的达成。

（三）项目质量控制

项目质量控制简单讲就是根据项目质量计划和项目质量保证内容对项目质量的实施情况进行监督和管理，在项目实施过程中通常出现由于内外部条件发生变化进而影响项目质量计划顺利执行的情况。为解决这一问题，就需要在项目的具体执行过程中加强对项目质量控制，避免偏离项目质量计划的情况发生，以保证项目质量计划能够顺利进行，这一过程就是项目质量控制过程。在项目进度控制过程中通常包含几个方面：首先，检视项目质量计划的执行情况，掌握项目在质量管理过程中是否发生施工质量变化；其次，如果项目质量在施工过程中发生变化，考察项目质量发生变化的具体情况，分析变化的原因，并施加影响和作出解决对策；最后，重新调整项目质量计划，加强项目质量控制，保证项目质量目标达成。

（四）项目质量验收

项目质量验收是项目质量管理的最后环节，主要是依据项目质量计划、项目质量标准和契约合同中的质量条款，按照一定的验收评定标准对项目质量完成情况进行质量验收。按照质量验收工作要求，项目质量验收后一般要形成项目验收报告和项目验收技术资料。其中，项目验收技术资料是指在项目不同阶段质量验收中所形成的资料汇总，项目验收报告是项目在不同阶段质量验收中所形成的综合报告。项目验收报告和项目验收技术资料都是项目验收资料中的重要组成部分。

四、项目质量管理的基本原理

项目质量管理是一门严谨的科学，需要大量的知识和智慧。因此，在理论研究和实践应用中也需要遵循一定的原理。项目质量管理的基本原理可以归纳为以下几个方面。

（一）项目全面质量原理

项目全面质量管理是指从项目的规划开始一直到项目结束的整个过程都实施严格的项目质量管理。要坚持全面质量原理，就要求在项目的质量管理过程中不能只顾及项目质量管理的某一个方面，而必须考虑项目质量管理所涉及的各个方面。一般包括四个方面：其一，项目团队的全体成员都要参与到项目质量管理之中；其二，整个项目生命周期的全过程质量管理，主要是指要从项目定义和策划、招投标、具体施工到后期维护等整个生命周期内加强项目质量管理；其三，要从项目全要素的角度管理项目质量；其四，做好包括项目质量风险管理在内的项目全方面质量管理。

（二）系统原理

在项目质量管理过程中要坚持系统原理，因为项目质量管理是一个系统的过程。首先，要完成项目质量管理，必须建立在科学、合理的项目基础上，并且完善项目架构所需的质量计划，再配合质量控制方案的合理安排，用系统方法进行必要的系统分析与调整，最后成为一个完整的系统项目。

（三）PDCA 循环原理

在项目质量管理过程中要遵循"计划（Plan）—执行（Do）—检查（Check）—行动（Action）"原则，也称为 PDCA 循环，具体是指从项目质量计划的编制开始，到项目质量计划的具体实施，再到项目质量计划执行过程中，要检查项目质量的实际开展情况与项目质量计划之间是否出现偏差，如果出现偏差，要找出项目质量实施过程中出现偏差的原因并及时采取措施解决项目质量偏差，必要时，须重新调整项目质量计划，如此类推，"P—D—C—A"不断重复，组成一个封闭的循环系统，这就是 PDCA 循环原理的工作流程。

（四）质量保证和监督原理

在项目的质量管理过程中要坚持质量保证和监督原理。质量保证原理是要求施工方在项目施工过程中一定要保证项目质量，务必按照质量目标完成，这是项目施工方应当履行的职责，所以，项目质量管理中要坚持质量保证原理。但是部分施工方由于受利润最大化这一目标的制约，往往为了获取不正当利润，不惜通过偷工减料、降低施工质量的方式获得，而要约束这种不正当行为，减少质量问题的发生，加强质量监督就是必要的。所以，项目质量管理中要坚持监督原理。

第三节　水利工程项目施工质量管理存在的问题及对策建议

由于所接触的实际工程项目的局限，本文的研究对象定为国内中小型水利工程项目，下文所述水利工程项目都属本类。工程质量是企业存亡与兴盛的根基，是企业在激烈的市场角逐中得以生存的关键。在当今水利工程施工过程中，中微型工程建设中所遇到的困难，往往不是体现在技能上或范畴上，而是体现在质量控制方向上。中微型水利工程施工中最突出的情况是工程动工过程不正规，一切敷衍了事。施工承包单位偶尔连本单位的质量保证系统都显得徒有虚名。现场监督停滞在对施工单位质量系统的纸质的查验，而对质量保证系统的实施缺少很好的督察，只对工程质量建设好坏和成果进行节制管理，工程施工时轻视质量的节制，因而造成了工程质量的失控。进行质量维修后，又增加了工程施工成本，而且工程质量也不尽如人意。

一、国内水利工程施工中质量管理存在的问题

（一）没有建立全面的质量控制体系

水利水电工程在建设时，会提出"质量工程""优质工程""一流工程"之类的口号，口号缺乏实际指导意义，在水利工程建设过程中，制订实施进度计划的施工企业有较大的压力，为确保工期按时完成不遭索赔，少数施工单位在施工期间以工期优先，存在重进度轻质量的现象，没有建立详细的完善的质量控制体系，导致管理过程出现漏洞。施工项目管理水平的高低直接决定着经济效益的好坏。目前，施工企业项目管理水平不高，项目的效益不理想，缺乏有效的激励机制。施工质量管理人员不按照企业的质量标准进行质量管理，简单地认为质量管理只是一种形式，只是为了应付上级部门检查的一种工具，根本没有实际作用，正是这种思想，导致很多质量管理人员质量意识淡薄。另外，质量管理人员法治意识不坚定，难以抵御金钱的诱惑，往往和施工建设人员同流合污，对购买的施工材料不进行严格检查，允许部分施工人员以次充好，从而从中牟取私利。水利水电工程企业创立了全套的单位中的质量管理制度，但在实行阶段却未依照有关章程操作。在施工过程中，质量安全是难以解决的难题不受掌控，不庇护。

（二）水利工程施工工序影响质量

在水利工程施工阶段，影响施工项目的工程质量因素很多，我们常说的有五大方面：人、材料、机械、方法和环境。参与施工项目建设的项目人员主要来自建设单位、施工单位、设计单位、监理单位；施工项目建设所用材料也种类繁多，五花八门，有时受特殊环境制约甚至使用非标材料和设备；施工用机械的设备性能和操作者的熟料程度；施工项目建设过程中参与者的管理思路、设计方案、施工组织等方式方法。施工项目建设工程还有它不同于其他行业建设项目之处，例如，大型施工项目建设项目涉及的地域广泛，有时甚至非常复杂；施工用机器设备都具有行业专用性，施工用材料工具多数也属于行业专用。

（三）工程施工材料管理中存在的问题

混凝土工程使用的水泥、粉煤灰、外加剂等属厂家生产产品；砂石骨料通常使用坝址附近河床开采的砂石料或开采块石料加工制成品料。目前，有的厂家出厂的产品未达到国家标准，是伪劣产品，有的工程砂石骨料质量也存在一些问题，但因工程施工急需，只得"凑合"使用，造成混凝土质量不稳定。水利水电工程使用的钢筋、钢材及止水材料等也发现一些伪劣产品，原材料存在的质量问题为工程运行安全留下隐患。水利水电工程建设过程中，从建筑物基础开挖、基岩灌浆处理到混凝土浇筑（土石坝体填筑），金属结构及机电设备安装，有的工程施工过程中未能按照水利部、电力部颁有关施工技术规范，严格控制每道施工工序的质量，存在较多的问题。例如，建筑物基础开挖施工中，有的承包单位为抢施工进度，不按技术要求进行控制爆破，造成基岩面爆破裂隙较多，起伏差较大，增加了基岩面整修工作量和混凝土回填工作量；混凝土浇筑施工过程中，未按混凝土施工技术规范严格施工工艺，出现入仓混凝土骨料分离，振捣不密实、漏振，致使层面结合不好，有蜂窝、架空现象。低温季节浇筑混凝土，未按设计要求进行保温，高温季节浇筑混凝土，未按设计要求采取温控措施，致使混凝土裂缝较多，增加了补救处理工作量。土石填筑施工质量存在填料不合要求的未能严格按照施工规范进行分层碾压等问题。

有的工程施工单位层层转包，由于转包单价偏低，承包单位就搞偷工减料，为欺骗监理单位，就不择手段造假资料蒙混过关。例如，某工程基础帷幕灌浆施工中，就发现有的承包单位改变水泥浆配比，降低灌浆压力，伪造灌浆施工记录资料。这种现象在隐蔽工程施工中较为普遍，严重影响了建筑物基岩固结灌浆和防渗帷幕灌浆质量，为工程安全运行留下隐患。我国正处于全面深化改革的关键阶段，全面推进经济建设、政治建设、文化建设、社会建设和生态文明建设都对水利建设提出了新的要求，水利仍将处于大规模建设的高峰期，必须重视勘测设计质量工作，确保水利工程质量。水利工程施工项目稠密，具有专业性强的特点。工程质量管理实施的监管方法是分阶段、分项目的，有些工程对施工过程的质量实行管制，对施工准备期间的准备阶段和施工中的质量状况管理不当，进而使全面控制和掌握存在一定的难度，极易导致准备不充足、施工过程不得当等质量问题产生，管控人员在开展施工质量管理工作时，缺少完备的施工管理规范作后盾，致使施工质量管理工作无法正常开展。

二、保证水利工程项目施工质量的措施

项目管理试探中等水利施工企业：

1. 遭受中国进入世界贸易组织以后，巨型施工企业扩大市场的压力。

2. 面对村镇合作社劳务分包队伍日益扩大，挑战与机遇并存，中等水利施工企业必须不断提升专业技能和管理水平，实行全部标准化管理。

（一）确立科学合理的施工项目质量管理体系

对于水库、海堤等工程，水利工程项目的施工包括导流、围堰、土石方开挖、坝体填筑碾压、灌浆、钢筋混凝土闸室、深基础厂房等内容，其实复杂的施工技术，工种工序搭接得多。任务重、工程完工时间紧迫，要充分发挥水利正规的施工企业的技能优势，采取直线式项目组织模式，组织精明强干的队伍，快捷灵活地进行项目管理。加强现场管理和体系建设，工程项目质量保障的前提是实行项目经理实名责任制。为了保证现场管理有序、正常、高效运转，项目经理制定管理制度和措施，全过程、全方位对工程建设加以控制，制定质量管理责任制度和考核办法，特别是制定质量目标要细化到各个施工班小组，落实工作人员的质量责任，每个施工过程都严格按照工序规范操作。在工程施工时，项目经理制定例会制度，及时有效地处理施工中存在的质量难题，并提出解决方案与预防措施，保证施工现场信息畅通，提高施工管理水平。确立项目经理中心制，施工队长、班组长以及施工职员设立工程质量自检系统，制定施工人员和班组自查、施工队组织符合检查、项目经理负责最终检验的制度。严格按照要求时各个施工环节关键部位、隐蔽部位、主要施工流程、关键部位质检人员进行检验、记录并归档。

（二）加强工序的质量控制

对工序活动条件和工序活动效果质量的控制是工序质量的控制，它涉及整个施工过程。施工质量职能的主要内容是工序质量控制，控制的重点是事中。控制要点包括：工序质量控制的目标和计划。每道施工流程符合规范，严格遵守国家有关法令法则、技术规范等。每道施工流程实行三检查验制度，上道施工流程不

符合标准，禁止投入下一流程的施工，对于不符合国家标准的流程，严格执行国家的标准给予返工解决。关键工序是在工序控制中处于核心位置的工序或根据历史材料感觉常常产生质量问题的工序。在施工工序中，往往不能通过设立控制点来超前控制工序质量，实践表明实行样板制度是很有效的措施。在进行大面积工序活动前，通过样板的质量检查、分析可起到四个作用：

（1）通过分析可确定在以后操作中可能存在的问题，在以后操作中实行重点控制。

（2）可对操作者的素质进行检查，不合格者予以清退处理，减轻以后质量控制负担。

（3）使操作及检查者在以后的工作中有明确、直观的实物标准，做到人人心中有标准。

（4）避免因普遍性操作问题，引起大范围的返工。故监理工程师在施工工序展开前必须做好样板工序产品的检查和验收工作，杜绝大范围返工；同时也对工序操作者的素质进行有效的控制。承包商在施工中对质量管理体系、样品制度、奖惩制度的实施情况进行监控。承包商往往均具有完善的质控体系及配套管理制度，却得不到贯彻，收效甚微，对工序活动效果产生严重影响。故监理工程师在工作中应对承包商的质量控制体系的实施情况进行监控，加大制度的执行力度，从而确保施工工程活动在正常条件下进行，杜绝质量失控情况的发生。

（三）加强材料的质量管控

材料是水利工程的命脉，材料的好坏直接影响到工程的质量。在这一问题上，施工单位应该组织专门的科研人员对材料进行重点把关，选择好材料好设备进行施工。依照程序选用优质材料，减少质量隐患，加强对材料选用的管理是杜绝一切质量隐患的前提。在材料的采购上，应该加以重视，以确保原材料的质量，材料在质量工程中占有重要分量，如果没有高品质的原材料，很难建筑优质水利工程。这就需要水利工程严把采购关，选择品牌指定厂家进行采购，并在进场时仔细检验合格证。对进场材料进行检验，材料签收人员必须严格按照施工合同和相关技术规范；对不合格产品严把质量关，不能浑水摸鱼，坚决防止不合格材料进入建筑工程工地，危害房建质量。在采购员的选择上应该极其注意，选择具有专业素质，诚信的专业人员来担以重任，应该通过学习和培训进一步加强采购员的思想觉悟，低价高质是采购材料的最终目标。优质的材料是保证房建工程消除质量隐患的基础。总之，水利工程施工的重要环节是质量管理，在水利建设中起着主关重要的作用，对经济的发展起着促进作用。所以，质量管理是施工企业的根基，依照法律标准要求，认真做好质量管理工作，为推进水利工程项目的建设奠定坚实的基础。

第四节　阿尔塔什水利枢纽大坝工程项目质量现状及问题分析

本章主要介绍阿尔塔什水利枢纽大坝工程的整体概况，考察该项目在项目质量管理过程中的运行情况，并在分析现状和剖析问题基础上，探究影响项目质量的因素，为下一章阿尔塔什水利枢纽大坝工程项目的质量管理改进方案提供依据。

一、工程项目整体概况

（一）项目工程概况

阿尔塔什水利枢纽工程是位于新疆叶尔羌河流域内的一座大型水利工程，该项目工程位于新疆喀什地区莎车县和克孜勒苏柯尔克孜自治州阿克陶县的交界处，是一座控制性水利枢纽工程，具有流域内农业灌溉、供电和防洪等功能。该项目工程规划电站总装机容量 690 兆瓦，最高坝高 162 米，水库总容量 22.04 亿立方米。项目工程投资为 86 亿元，总工期为 74 个月。该项目工程是新疆最大的一座水利枢纽工程，被称为"新疆的三峡工程"。叶尔羌河流域地处我国新疆西南部喀什地区，塔里木盆地西南边缘，曾是塔里木河的第一大支流。叶尔羌河流域面积 8.577 万平方千米，全长 1 289 千米，流域平均宽度 66.95 千米。阿尔塔什水利枢纽工程坝址控制流域面积 4.64 万平方千米，多年平均年径流量为 65.512 亿立方米（天然径流量）。

（二）项目施工内容

阿尔塔什水利枢纽工程大坝的施工内容主要包括以下几部分：

（1）一般项目：进场、退场及保险等。

（2）施工临时设施：施工临时设施建设包括临时施工交通、供电、供水、照明、通信等设施、过渡料、垫层料加工系统、混凝土生产系统、施工机械修配和加工厂、仓库和堆料场、临时房屋建筑和公共设施的建设等。

（3）施工安全措施：施工现场的安全管理工作包括现场施工劳动保护、爆破作业、照明、场内交通、消防、地下洞室施工作业保护、洪水和气象灾害保护、施工安全监测等。

（4）环境保护和水土保持：施工期的生产、生活区环境保护和水土保持的有关工作，主要工作范围和内容包括施工、生活污水和废水处理、大气环境与声环境保护、固体废弃物处理、水土保持、完工后的场地清理、植被恢复等。

（5）施工导流工程：上下游围堰填筑、截流、防洪度汛、基坑排水、排冰等工程项目及其工作内容。

（6）混凝土面板砂砾石坝工程：土方明挖、石方开挖、支护（含注浆锚杆、C30喷射混凝土、挂网钢筋、锚索、PVC排水管、挤压边墙坡面乳化沥青喷涂等）、灌浆（含固结灌浆、岩石固结灌浆、孔河床砂砾石固结灌浆、帷幕灌浆、探硐回填灌浆等）、土石方填筑、混凝土（面板、趾板及工程量表中所有列项）、止水、砌石等工程。

（7）右岸高边坡处理：石方开挖（危岩体开挖）、支护（含锚索、喷混凝土、排水孔、预应力锚杆、钢筋、主动防护网、被动防护网、锚杆、灌浆、混凝土等。

（8）3#-1道路：3#-1道路土石方明挖、路基土方填筑、边坡支护、路面混凝土浇筑等。

（9）3#交通桥：3#交通桥台混凝土浇筑、箱梁预应力混凝土预制及吊装、桥面铺装等。

（10）2#-2交通洞：2#-2交通洞洞身开挖、支护、混凝土衬砌等。

（11）6#路及交通洞：6#路及交通洞土石方明挖、土方填筑、洞身开挖、支护、混凝土衬砌等。

（12）高边坡处理重机道：高边坡处理重机道土石方明挖、边坡支护等。

（13）13#-1道路延长：13#-1道路土石方明挖、路基土方填筑等。

（三）项目工期计划

（1）本项目工期计划于 2015 年 6 月 1 日开工建设，2015 年 9 月下旬截流，2019 年 7 月下旬下闸蓄水，2021 年 5 月 31 日工程竣工。

（2）关键项目（或节点）及工作面移交施工控制工期要求如下：

① 2017 年 11 月底，坝体临时断面填筑不低于 1 730.0 米，2018 年 5 月 31 日前一期面板浇筑高程不低于 1 729.0 米，以满足度汛要求。

② 2019 年 4 月底，坝体临时断面填筑不低于 1 777.0 米，2019 年 7 月 31 日前二期面板浇筑高程不低于 1 776.0 米，以满足下闸蓄水要求。

③ 2021 年 5 月底，水利工程项目全部完工。

二、项目质量管理的现状考察

阿尔塔什水利枢纽大坝工程项目自 2015 年 6 月启动以来，经过一年的施工，到 2016 年 6 月底，目前项目正在有序进行中，受水文天气因素影响，原计划 2015 年 9 月完成的截流工作，推迟到 2015 年 11 月完成，较计划晚了 2 个月左右，但在项目质量管理方面并未出现重大质量问题。

（一）使用传统的质量管理模式

本文所研究的阿尔塔什水利枢纽大坝工程项目采取的是传统的管理模式，项目主要有设计、招标和施工建造三个阶段。

（二）涵盖所有阶段的项目质量管理内容

阿尔塔什水利枢纽大坝工程按照项目建设阶段，将项目划分为理想决策阶段、勘察设计阶段、项目施工阶段和项目验收阶段。

（三）项目施工阶段的质量控制

阿尔塔什水利枢纽大坝工程项目主要在坝料来源、过渡料、垫层料施工和排水料、堆石料、砂砾料施工等方面加强项目质量控制。

1.坝料来源的质量控制措施

（1）垫层料、过渡料等方面。垫层料、过渡料由筛分系统加工，质量控制主要控制原材料质量，控制的内容包括。

①料源石质分别在开挖料场及砂石系统两个生产环节予以控制，不符合规范标准及设计要求的石料不得进入生产系统。

②级配控制从骨料生产、颗分试验、掺配比例、掺配工艺等工序着手予以控制；运输、摊铺环节控制骨料分离。

③运输上坝前定期对掺拌成品料提前做好含泥量检测；运输、摊铺及碾压环节预防成品料的二次污染，运输车与其他运输车辆分开，保持车体干净。

④根据填筑情况，每一批次供应成品料时提前做好含水率检测，为坝面补水提供基础数据。

（2）排水料、堆石料、砂砾料等方面。

①根据设计技术条款对排水料、堆石料、砂砾料质量要求，选取合格料源上坝。

②根据排水料、堆石料的粒径及级配要求，确定石料场开采的爆破参数。

③超径石料在料场爆破解小，混杂运输至坝面的采用液压冲击锤破碎处理。

④对砂砾料要在开采前对采区料源质量进行复查，严格控制料源级配、含泥量、超径石。装运上坝前要提前脱水，确保含水量最优。

2.过渡料、垫层料的施工质量控制措施

第一，施工过程中严防颗粒分离、严格控制各层厚度、洒水量、碾压遍数；第二，垫层料与过渡料结合部位采用"先粗后细法"施工，以保证填筑的设计宽度；第三，分段铺筑时，在平面上铺筑，将各层铺筑成阶梯形的接头，即后一层比前一层缩进必要的宽度，在斜面上的横向接缝，收成坡度不要陡于1:3的斜坡，各层料在接缝处亦铺成台阶的接头，使层次分明，不致错乱；第四，对已铺压实的填筑层，防止污水浸入，以免污染施工作业面；第五，在不能用振动碾压实的部位用冲击夯、液压夯、板夯打压实，打夯前适当洒水；第六，严防产生过渡料、垫层料漏、铺等现象。

3.排水料、堆石料、砂砾料的施工质量控制措施

首先，施工过程中严格控制各层厚度、洒水量、碾压遍数；其次，做好排水料、砂砾料、堆石料及岸坡的搭接处理，重叠碾压宽度，横缝处理按设计要求进行；最后，做好纵向接缝处理。在坝面上形成道路时，堆石料、边缘料要呈松散状，在填筑上升时，用反铲平行坝轴线方向将填筑边缘的松散堆石料挖除，然后

洒水、重新压实，以保证纵向接缝的施工质量。

三、项目质量管理的问题总结

通过对阿尔塔什水利枢纽大坝工程项目现状的考察，笔者发展该项目在质量管理过程也暴露出诸多问题，具体问题如下。

（一）项目质量管理体系不健全

阿尔塔什水利枢纽大坝工程项目中缺少独立的项目质量管理机构，从而不能在总体上对项目质量进行管理，各部门之间质量管理模块相互独立，由于各自利益不同，协调沟通的难度和成本加大，因此，当缺少总体上掌控所有参与方行为的质量管理部门时，往往会因为利益分配问题导致项目工程质量下降。因此，应健全项目的质量管理体系，以便约束和激励项目的各参与方都能自觉按项目质量管理要求操作，保证项目高质量完成。

（二）项目施工质量管理意识薄弱

阿尔塔什水利枢纽大坝工程项目在施工过程中暴露出对施工质量管理重视不够，资源配置不到位的问题。在该项目中，项目质量管理的监管职责属于项目施工部，但施工部却没有足够的人力进行项目质量管理的日常监督工作，而且项目施工部与其他部门是平行机构，负责项目日常质量管理的调度员也是职位不高，无法调动更多资源参与到项目质量的管理中，导致项目质量管理不能有效开展。事实上，该项目在施工过程中严重存在不能按照项目质量计划配置劳动力和其他施工材料的问题，使项目质量管理无法有效开展，这些问题都是由于在施工过程中对项目质量管理重视不够，资源配置不到位所导致的。

（三）勘察设计时疏于质量管理

阿尔塔什水利枢纽大坝工程项目勘察设计时疏于质量管理既有其客观因素，也有其主观因素。

（1）客观因素。客观因素主要是由于水利工程项目易受地质水文、气象等自然条件、施工技术、施工流程以及施工现场发生的不确定因素的影响，使阿尔塔什水利枢纽大坝工程项目在勘察设计阶段所估算的项目质量计划准确性在客观上受到很大影响。

（2）主观因素。主观因素主要是项目勘察设计阶段出现质量管理疏忽。一方面，勘察设计方、项目方和施工方不是一个主体，由于信息不对称，在利益最大化的驱使下，勘察设计方没有全面了解项目的质量要求，导致在设计过程中存在一些不合理的情况；另一方面，勘察设计方和施工方相互独立又缺乏有效沟通，难免在具体施工中出现勘察计划与实际不符现象，显然影响了项目质量管理目标的实现。

（四）施工中缺乏有效的质量控制

阿尔塔什水利枢纽大坝工程项目在施工中缺乏有效的质量控制主要体现在两个方面。一方面，该水利工程被业内人士称为"新疆的三峡工程"，足以说明该工程比较复杂，自身质量控制难度较大，而且存在动态变化，不易掌控；另一方面，由于缺乏有效的验收方法导致很多工程质量问题难以被发现，而且即使发现工程质量问题，责任也很难清楚地划分，这些都导致项目施工中质量控制效果较差。

（五）原料采购中疏于质量监管

原材料是项目最终成果能否交付的关键因素，而在原材料采购过程中的质量问题又是很多施工项目中的通病，由于普遍缺乏对原材料采购的质量监管，一旦供应方受利益驱动，将直接影响整个项目工程的施工质量。阿尔塔什水利枢纽大坝工程项目原料采购中缺乏质量监管主要体现在两个方面：一方面，供应商是确保原材料质量的一个重要品质，因此，对供应商的选择要有一个完整的考核体系，而阿尔塔什水利枢纽大坝工程项目中对供应商的选择就缺乏全面考评机制，仅仅因为该供应商是合作的老客户，而在此项目中缺乏对供应商及其供应原材料的全面考察；另一方面，所购原材料和服务的优劣直接影响工程的施工质量，在该项目中，阿尔塔什水利枢纽大坝工程管理者缺乏对原材料和服务的检视，仅仅关注结果忽视采购过程的质量管理。

四、水利工程项目质量的影响因素

（一）组织计划因素

通常来讲，水利工程项目质量计划能否顺利达成主要靠项目组织有计划的实施。如果没有组织有计划的管理，在项目施工过程中就会因为各自利益而各行其是，不能按照项目质量计划、质量标准、质量保证来进行施工活动，质量管理极易处于混乱状态。因此，组织计划因素对水利工程的项目质量影响较大。

（二）管理机制因素

管理机制往往是影响项目质量管理的重要因素。在水利工程项目中往往因为管理机制的缺乏使项目现场施工管理控制不严，降低了水利工程项目质量控制的效果。通常在水利工程项目建设施工现场，由于缺乏有效的管理机制，出现消极怠工、以次充好的现象，这些问题会直接降低项目施工质量。所以，项目质量管理要健全管理机制。

（三）原材料因素

原材料和中间产品质量是实施工程项目建设质量控制的基础，原材料是项目最终成果能否交付的关键因素，而在原材料采购过程中的质量问题又是很多施工项目中的通病，由于普遍缺乏对原材料采购的质量监管，一旦供应方受利益驱动，将直接影响整个项目工程的施工质量。

（四）队伍素质的因素

未来企业之间的竞争归根结底就是人才的竞争。具体到水利施工项目的管理中，施工队伍的整体素质很大程度上制约着项目的施工质量。当施工队伍素质过硬时，往往会在较短时间内、较高质量地完成项目工作，尤其是项目技术人员专业过硬时会通过技术创新大大缩短项目时间和提高项目质量。反之，当专业技术不过硬而施工队伍又缺乏经验时，往往导致项目施工质量下降和项目工期延误。

第五节　阿尔塔什水利枢纽大坝工程项目
质量管理改进方案

项目的属性决定了即使前期计划再详细和充分，在具体实施过程中也不可避免地出现偏差。因此，为保障项目质量能够按期完成，当项目质量计划在实际执行中出现偏差时，及时进行项目质量改进方案的设计就显得尤为重要。基于此，本章主要在项目质量指导思想和总体思路的前提下进行项目质量改进方案的设计，力图为阿尔塔什水利枢纽大坝工程建立完善的项目质量管理体系。

一、指导思想

（一）坚持质量持续改进思想

以坚持项目质量持续改进作为指导思想是持续改进的原则及其实践内容的本质体现。坚持项目质量持续改进思想，针对项目中不断出现的问题要及时解决、持续改进，质量管理改进要贯穿于项目的全过程。通常情况下，一个水利项目要涉及项目管理方、项目施工方、项目监理方等各方主体，这些项目组织方构成了项目质量持续改进的主体。而在这些主体中，项目的管理层则是项目质量持续改进的最直接和最主要的方面。这是因为任何项目管理活动的改进都需要项目管理层的决策，没有项目管理层的决策及实施，项目持续改进是不可能成功的。当然，作为项目改进实施的具体主体，项目管理人员和施工人员在项目改进中的作用是不可忽视的。因此，为使项目质量持续改进有效进行，必须发挥项目中各方主体的作用。

（二）坚持以人为本思想

在阿尔塔什水利枢纽大坝工程项目建设中一定要坚持以人为本思想。以人为本作为科学发展观的核心，坚持以人为本，是项目建设的必然选择。在具体到水利工程项目的施工过程中，施工建设队伍的人员素质，特别是现场技术人员的施工技术水平，直接关系到工程项目建设的施工质量。因此，在水利项目施工过程中要坚持以人为本思想。一方面，要充分考虑各方人员的利益诉求，尤其是技术人员和具体施工人员在阿尔塔什水利枢纽大坝工程项目建设中的实际情况和现实需求，通过奖惩制度的构建来调动这些群体的积极性和主动性，引导他们以主人翁的身份参与到阿尔塔什水利枢纽大坝工程项目建设的各项活动中，在项目中积极营造良好的项目团队氛围；另一方面，要将人的全面发展作为项目施工建设的出发点和落脚点，要通过项目施工建设提升项目人才的成材率，促进项目人员综合素质的提升，满足国家对项目人才需要，进而促进企业发展和社会进步。这也是以人为本原则的本质要求，因为人类的一切社会实践活动的终极目的就是实现人的"解放"和"发展"。

（三）坚持综合治理思想

项目的质量管理是个系统性工程。由于水利工程建设项目施工质量影响因素较多，诸如地质水文、气象天气、施工技术、现场管理等环节都对项目施工质量产生影响。这些就导致施工质量控制工作复杂烦琐，需要贯穿工程项目的施工准备、施工阶段以及竣工验收阶段等各个过程。因此，对项目质量管理要坚持综合治理的思想，在工程项目建设全过程加强质量管理，从而确保工程建设项目顺利完成。

二、总体思路

项目质量管理是阿尔塔什水利枢纽大坝工程项目建设中的核心内容，要保证阿尔塔什水利枢纽大坝工程项目质量目标的实现需要通过多种手段措施共同努力，不仅要从思想上做好准备，而且要在组织上加以完善，在质量上严格要求。

与原来的质量管理体系相比，改进后的质量管理体系要坚持的总体思路涵盖以下几个方面。

（1）全面的质量管理模式。阿尔塔什水利枢纽大坝工程项目将原来只注重结果导向的质量管理方式调整为全流程质量管理方式，这样质量管理就不仅限于质量结果管理，而更加关注过程，实施全流程质量管理。

（2）增强质量控制环节。与传统的质量管理方式相比，改进后的质量管理要强化质量控制环节，重视质量控制的方式方法使用，提高控制效率。

（3）强化质量管理意识。强化全员的质量管理意识，加强质量管理的教育和宣传，增强项目参与者的质量意识，提高其思想觉悟、科学文化技术水平，提升综合素质，才能更有效、优质地完成项目目标。

（4）加强组织保证。加强组织领导作用，建立专门的项目质量管理机构，负责日常的质量监督管理工作，而且要求项目副经理兼任项目质量管理机构负责人，以提升项目质量工作的权威性和有效性。

（5）建立标准化系统。建立质量标准体系，明确质量目标标准和质量验收标准，通过标准化体系建设提升项目质量管理的效率和质量。

三、质量改进具体方案

结合阿尔塔什水利枢纽大坝工程的质量管理现状、问题及影响因素，在指导思想和总体思路的指引下，该项目质量管理的改进方案应采取以下具体举措。

（一）强化全员质量管理意识

阿尔塔什水利枢纽大坝工程项目全员始终坚持"质量第一"的理念，在这种理念指导下，一方面要建立成熟、完善的项目质量管理体系，梳理项目质量管理的组织架构，成立项目质量管理部，对项目质量进行全面管理，在项目的计划、组织、指挥、协调、实施和监督过程中全面开展项目质量控制和管理工作；另一方面要建立定期的质量教育培训工作，通过定期与专项的质量教育培训，使全员牢固树立"质量第一"的理念，使全体项目成员都能强化质量管理意识。

（二）完善质量管理体系

阿尔塔什水利枢纽大坝工程项目要从组织和技术两个方面着手完善质量管理体系。首先，组织保障方面。不仅要建立专门的项目质量管理机构，负责日常的质量监督管理工作。而且要制定完善的施工组织方案，建立工程施工管理相关制度，约束和规范施工队伍的行为和工作习惯，还要加强对施工现场的质量管理。其次，技术保障方面。阿尔塔什水利枢纽大坝工程项目，一方面要使技术管理流程科学、规范和严谨；另一方面要加强对技术人员资格考核，没有相关资格证书的一律杜绝使用。

（三）完善施工的质量控制体系

明确质量指导方针和目标。阿尔塔什水利枢纽大坝工程项目的质量指导方针为"严格管理 精心施工 技术先进 质量优良"。质量目标为单元工程质量合格率为100%，单元工程优良率为85%；工程交验合格率为100%，工程优良率为85%。

1. 工程质量管理措施

阿尔塔什水利枢纽大坝工程项目的工程质量管理主要有以下举措：

（1）项目严格遵守设计的技术标准。

（2）完善质量管理体系和建立项目质量管理的监管机构。

（3）加强对关键工序的质量管控。

（4）严格把控验收环节。

（5）强化培训环节，并将培训内容和考核结果上报上级部门备案。

（6）根据权责一致原则建立相应的质量管理制度。

（7）加强质量教育培训工作。

（8）保证畅通的项目质量信息系统。

2. 施工过程质量保证措施

阿尔塔什水利枢纽大坝工程项目的施工过程质量保证举措主要有以下几种：

（1）编制详细的施工作业指导书，施工严格按照指导书进行。

（2）采用新设备、新材料、新技术、新工艺，科学组织施工。

（3）物资部门对原材料严格检查，保证施工所用材料符合质量要求。

（4）施工前做好充分的准备工作。

（5）工程施工作业层施工操作程序化、标准化、规范化，贯穿工前有交底，工中有检查，工后有验收，做好各工序的记录工作，力求完整、准确。

（6）严格控制特殊施工过程、关键工序的质量关，把好隐蔽工程质量检查关。

（7）建立满足施工要求的原材、工序产品检测制度。按设计技术要求做好试验检测工作。

（8）重视测量放线工作，保证建筑物位置准确。

（9）经常进行技术交底工作，落实施工方案。

（10）正确处理施工进度与施工质量的关系，严格按照规范、设计施工。

3. 验收阶段质量保证举措

在项目验收时必须通过验收工作对项目建设情况是否满足设计目标以及质量要求而开展的各项考核评估工作。

（四）完善采购流程的质量改进

原材料是项目最终成果能否交付的关键因素，而在原材料采购过程中的质量问题又是很多施工项目中的通病，由于普遍缺乏对原材料采购的质量监管，一旦供应方受利益驱动，将直接影响整个项目工程的施工质量。因此，阿尔塔什水利枢纽大坝工程项目要完善原材料采购流程的质量改进。具体可以从两方面着手：一方面，要对采购过程和供应商资质严格审核，具体要对原材料采购文件的质量管理、对供应商资格的评审、公开招标、对采购的物资和服务质量进行把控等；另一方面，在项目质量管理部下设立专门的岗位负责对原材料产品采购的监督，质量检测，确保采购环节的质量管理。

（五）其他保障举措

在实际项目实施过程中，通常采用一定的措施来保证项目质量改进方案的实施，具体保障举措可以从以下几个方面着手：

（1）制度保障。要建立常态化的每日晨会、每周例会、每月度质量检视分析会和年度质量检视分析会机制，形成制度。

（2）队伍建设。项目都是由施工队伍来实施的，因此，必须强化项目施工全体参与人员的队伍建设工作，不仅要加强培训教育，提升综合素质，而且要强化队伍凝聚力和归宿感的培养，通过薪酬杠杆的激励作用、公平合理的考核机制来提升团队战斗力，使队伍在具体施工中强化主体责任意识，以主人翁的态度对待项目施工质量问题。

（3）强化责任意识。在项目中要全面落实质量的终身责任制。

（4）其他保障，如项目的大中型机器设备供应、预算资金、水文天气预测和施工技术保障等。

第六节　阿尔塔什水利枢纽大坝工程质量
改进方案效果评估

项目质量管理的改进方案在阿尔塔什水利枢纽大坝工程项目中经过近半年的实施，不仅建立了项目质量管理的专职机构——安全质量环保部，而且开展了项目质量提升的专项活动——"质量月"行动。通过"质量月"行动使阿尔塔什水利枢纽大坝工程项目质量管理工作取得了明显的效果。

一、建立项目质量管理专职机构

阿尔塔什水利枢纽大坝工程项目建立了专门的质量管理机构——安全质量环保部，负责日常的质量管理监管工作。由项目副总兼任安全质量环保部负责人，统筹管理整个项目的质量管理工作。实行分工负责，全面管理阿尔塔什水利枢纽大坝工程项目的施工质量，由专职质检人员对整个项目的施工过程实行全面、全过程、24 小时跟踪控制，确保实现项目质量目标。

二、建立全面项目质量管理体系

阿尔塔什水利枢纽大坝工程项目建立了全面质量管理体系。把质量控制的各个环节落实到施工工序中，对各管理职能部门、施工班组及各责任人均落实责任，质量管理目标明确，质量管理体系健全，质量管理责任到位。具体来讲，主要有以下几个方面：首先，建立了质量保证体系，均按国家和行业所颁发的有关标准、工程设计、施工图、合同技术条款的技术要求执行；其次，完善了质量控制体系，一方面建立了质量记录制度和定期检查制度，另一方面完善了质量持续改进机制；最后，明确了项目质量验收标准，项目质量要符合国家及行业颁发的有关制度、规范要求。

三、启动项目质量提升专项

为全面提升阿尔塔什水利枢纽大坝工程整体质量管理水平，在项目质量改进方案的基础上，项目管理层启动了"质量月"项目质量提升的专项活动。"质量月"行动紧紧围绕"创新、协调、绿色、开放、共享"五大发展理念和"质量至上"的要求，引领了项目全体成员增强质量意识，营造"项目追求质量、人人关注质量"的浓厚氛围，大力弘扬工匠精神，提升质量品牌，建设质量强企，推动项目质量保障能力和质量管理水平提升。

本文将水利工程项目的质量管理作为研究对象，以阿尔塔什水利枢纽大坝工程项目为例进行项目质量管理的相关研究，在项目质量管理理论的指导下，着重分析了阿尔塔什水利枢纽大坝工程项目在质量管理中的现状和暴露的问题，并在原因分析的基础上，提出了该项目质量管理的改进方案，取得了不错的效果，得出了如下结论。

（1）项目质量管理是项目管理的核心部分，项目质量问题直接关乎项目的成败。

（2）在项目质量管理中要坚持持续改进理念。因为项目的属性决定了即使前期计划再详细和充分，在具体实施过程中也不可避免地出现偏差。因此，为保障项目质量标准，当项目质量计划在实际执行中出现偏差时，坚持质量持续改进理念，及时进行项目质量改进方案的设计。

（3）项目质量管理要实施全面的质量管理模式。因为全流程质量管理方式，使质量管理不仅限于对质量结果管理，更加关注过程，实施全流程质量管理。

（4）项目的质量管理是个系统性工程。由于水利工程建设项目施工质量影响因素较多，诸如地质水文、气象天气、施工技术、现场管理等环节都对项目施工质量产生影响。这些就导致施工质量控制工作复杂烦琐，需要贯穿工程项目的施工准备、施工阶段以及竣工验收阶段等各个过程。因此，对项目质量管理要坚持综合治理的思想，在工程项目建设全过程加强质量管理，从而确保工程建设项目顺利完成。近年来，项目质量管理一直是项目管理研究的重点和热点问题。本文所总结的成功经验和管理工具对于全国各地的水利项目建设和项目质量管理具有借鉴意义和参考价值。可以预见，未来项目质量管理的应用将更加广泛。

第四章　水利基建工程预算管理

第一节　国内外文献综述

一、国外文献综述

20 世纪 50 年代以来，以英美为代表的西方发达国家在预算管理方面形成了大量的研究文献。例如：

（1）预算参与理论：ChrisArgyris(1957) 在《个性与组织》一文中提出了"预算参与"的概念，首次将预算管理与预算管理参与者的行为联系起来，弥补了以往预算管理研究忽略人性的缺陷，预算参与是指允许各级管理人员参与预算编制的过程，并能影响和决定与自身相关的预算水平，预算参与可使预算参与者在工作中心情舒畅，并与主管上司保持和谐的关系，从而提高工作绩效。

（2）预算松弛理论：Lewis(1983)。在文章"*Anexperiment testing the behavioral equivalence of strategically equivalent contracts*"中提出了预算强调的概念，预算强调是指一个组织的主管领导根据经批准执行的预算方案，对他的下级管理者或代理人的管理绩效进行评价，并以评价结果作为对代理人进行考核和奖惩的根据，即强调预算的控制功能，用预算方案和指标来控制组织的生产经营和管理活动按照正确轨道运行，从而实现组织预期目标。经研究发现，当代理人意识到自己的报酬或业绩评定建立在预算执行结果的基础之上时，他们就有了建立较大预算弹性空间的动力，以便在更大的范围内完成预算目标，因此，预算强调会导致预算松弛。国外学术界对预算松弛的研究方面主要集中于预算管理激励问题，通过分析导致预算松弛产生的原因，寻求降低代理成本、有效激励员工的方法，从而减少或消除预算松弛。

（3）零基预算理论：零基预算被称为"传统渐进预算的挑战者"，它产生的根源在于传统渐进预算的失效和失范。零基预算思想起源于 V.O.Key 1940 年所著的 *The Lack of Baudgetary Theory* 中的一个关于编制公共支出预算的提问，它希望建立政府预算的规范性理论，将预算理性化。零基预算正如其名称所示，意味着"一切从零开始"，指不考虑过去的预算项目和收支水平，以零为基点编制预算，基本特征是不受以往预算安排和预算执行情况的影响，一切预算收支建立在成本效益分析的基础上，根据需要和可能来编制预算，即政府作预算分配时，不考虑以前年度的预算，而是根据政府项目的重要性对项目进行优先性排序。

二、国内文献综述

传统意义上的预算管理作为一种实践活动，无疑有着和人类生产活动同样悠久的历史，但现代意义上的预算管理无论就实践还是理论发展而言，都只是近百年的事情。旧中国民族资本主义经济发展不完全，以及新中国长达 30 年的计划经济制度，使得我国近、现代财务管理包括预算管理实践与理论发展在总体上显著落后于发达国家。改革开放以来，经济快速发展，预算管理的理论运用于各类大中型企业的财务管理中，取得了良好的效果，预算管理理论的观念和方法也相应的不断更新。在理论研究领域，我国学者做了大量的研究工作，具有代表性的有：

周亚娜（2001）在《全面预算管理：现代企业之要务》中提出预算管理最重要的还是对人的行为影响上，是"参与制"预算，主要是指下级部门和单位能够参与预算编制过程，对自己应该承担怎样的预算指标有一定的影响力。通过预算指标的层层分解，使企业全体员工都明确自己工作应达到的水平和努力的方向。

杨志鹏（2005）在《加强基本建设全过程财务管理的思考》中提出要参与基本建设全过程财务管理，加强基本建设资金的预算、控制、监督和考核工作。

全万友（2006）在《当前水利基本建设财务管理工作的问题及对策》中提出明确财务管理工作应承担的责任，认识财务人员参与决策的重要性和会计核算责任。

王淑杰（2008）在《政府预算的立法监督模式研究》中提出，无论委托代理理论还是有限政府民主理论都认为政府预算及其监督应该以维护公共利益为最高目的，在委托代理模式监督下，立法机关对政府预算的监督就显得相当重要。

张笑非（2010）在《加强基建项目财务管理与监督》一文中强调在预算的编制和考核评价上，要坚持实事求是，区别对待的原则，反对简单化，一刀切的做法。

王稚燕（2012）在《水文基建财务管理存在的问题及对策》中指出随着部门预算、政府采购预算、国库支付制度的不断完善，对水利基本建设财务管理提出了更高的要求。

汪鲁（2014）在《加深基建会计核算规范化建设的思考》提出科学的基建预算，在一定程度上直接影响了基建会计最后核算，基建预算是基建会计核算的蓝图，是整个项目的开始，带领着这个项目的未来方向。

张琦、吕康敏（2015）在《政府预算公开中媒体问责有效吗？》中提出媒体质询显著提高了政府回应的可能性，且媒体质询密集度越高，政府回应速度越快；质询传播范围越广，回应质量越高。

张宇珍（2016）在《水利预算改革的实践与思考》中提出只有健全水利财务监管机制，增强各部门沟通配合，建立健全预算支出项目体系、坚持细化管理思想、建立健全考核机制才能促进水利预算改革顺利进行。

从文献综述可以看出，随着我国水利工程建设的发展，国家和社会各界逐渐意识到水利基建工程财务预算管理在工程建管中发挥着重要的作用。在对相关文献作进一步研究时发现，大多数文献都是从目前基本建设财务管理方面普遍存在的问题入手，分析导致问题存在的原因，并由此提出相关的解决方案，但这些解决方案大部分都比较宏观，对于像治淮局这样的基层单位在基建预算管理中如何实际操作较少提及。

第二节　基本建设工程预算概述

本章将对与论文有关的一些基建预算理论进行概述，主要包括行政单位预算的编制、执行及审批监督理论、建设工程项目施工进度控制理论以及企业预算编制理论，尤其是这些理论在水利基建项目预算编制管理中的适用性分析，让 H 市治淮局认识到在遵循行政单位预算管理制度的前提下完全可以按照工程施工进度控制理论并引用企业的预算编制方法，来提高自己项目预算管理的能力，以适应国家对基建项目预算管理的要求，也为本文的研究奠定了坚实的理论基础。

一、基建预算管理有关制度概念

（一）行政单位预算的编制、执行及审批监督制度

行政单位预算是行政单位根据其职责和工作任务编制的年度财务收支计划，它是对单位一定时期财务收支规模、结构、资金来源和去向所作的预计。按照支出的管理要求，可以划分为基本支出和项目支出。基本支出预算是为保障行政事业单位机构正常运转、完成日常工作任务所必需的开支而编制的预算，其内容包括人员经费和日常公用经费，是部门支出预算的主要组成部分；项目支出预算是行政事业单位为完成特定的行政工作任务或事业发展目标，在基本支出预算之外编制的年度项目支出计划。水利基本建设工程预算就属于项目支出预算。

1.基本建设项目预算管理要求

（1）有中央财政性基本建设资金来源的项目，按财政部门预算管理要求执行；其他资金来源的项目，也应按投资方要求编制项目年度支出预算。

（2）项目年度支出预算编制的依据：年度投资计划和年度筹资情况；施工合同以及年度施工进度计划；合同价格、概算费用定额标准以及相关的市场价格资料；其他合理预期因素。

（3）预算管理程序。部门预算：按规定执行"两上两下"程序；项目年度支出预算：一般按"编制上报、审查批准、下达执行"的程序执行。

（4）加强对预算执行的反馈和考评，由于不可抗力等特殊原因，确需调整预算的，按预算管理权限办理变更手续。

2.跨年度预算平衡机制

水利基本建设工程项目相较于一般项目具有建设周期长的特点，无法在一个年度内达到预算平衡，因此需要执行跨年度预算平衡机制。跨年度预算平衡是指预算收支的对比关系应在一定的经济周期内保持平衡，而不是在某一特定的财政年度内保持平衡。单纯的年度预算平衡存在一些缺陷：第一，容易忽略潜在的财政风险。一些预算决策在年度间的实施不易做到瞻前顾后，容易在决策的合理性和资金保证上出现偏差；第二，在年度预算中，各项收支已由预算确定好了，具

有法律性，这样在一个预算年度内进行收支结构的调整就受到了限制，与年度内的不确定因素产生矛盾；第三，年度预算平衡限制了政府对未来的更长远的考虑。而跨年度预算平衡突出的优点就是有利于政策的长期可持续性，使决策者能够更早地发现问题，鉴别风险，采取措施，防患于未然。构建跨年度预算平衡机制，实施中期财政规划管理。国际上，中期财政规划有三种常见的形式，根据对年度预算约束的详细程度不同，分别为：中期财政框架(MTEF)、中期预算框架(MTBF)和中期绩效框架(MTPF)。根据国务院规划按照三年滚动方式编制，更接近于中期财政框架，也是中期预算的过渡形式，今后将在对总体财政收支情况进行科学预判的基础上，使中期财政规划渐进过渡到中期预算。实施中期财政规划管理是财政部门会同各部门研究编制三年滚动财政规划，对未来三年重大财政收支情况进行分析预测，对规划期内重大改革、重要政策和重大项目，研究政策目标、运行机制和评价方法，中期财政规划要与国民经济和社会发展规划纲要及宏观政策相衔接。强化三年滚动财政规划对年度预算的约束。推进部门编制三年滚动规划，加强项目库管理，健全项目预算审核机制，提高财政预算的统筹能力，各部门规划中涉及财政政策和资金支持的，要与三年滚动财政规划相衔接。

3. 政府预算的监督

所谓政府预算监督，是指在预算的全过程，对有关预算主体依法进行的检查、督促和制约，是政府预算管理的重要组成部分。具有监督体系的层次性、监督主体的多元性、监督对象的广泛性、监督过程的全面性、监督依据的法律性和监督形式的多样性等特点。政府预算监督按照政府监督体系的构成，可以划分为：立法机关监督、财政部门监督、审计部门监督、社会中介机构监督、社会舆论监督和司法监督；按照政府预算监督的时间顺序，可以划分为事前监督、事中监督和事后监督。

（二）建设工程项目进度控制概述

建设工程项目的总进度目标：建设工程项目的总进度目标是指整个项目的进度目标，它是在项目决策阶段项目定义时确定的，项目管理的主要任务是在项目的实施阶段对项目的目标进行控制。建设工程项目总进度目标的控制是业主方项目管理的任务(若采用建设项目总承包的模式，协助业主方进行项目总进度目标的控制也是建设项目总承包方项目管理的任务）。在进行建设工程项目总进度目标控制前，首先应分析和论证目标实现的可能性，若项目总进度目标不可能实现，则项目管理者应提出调整项目总进度目标的建议，提请项目决策者审议。在项目的实施阶段，项目总进度不只是施工进度，还包括：设计前准备阶段的工作进度；设计工作进度；招标工作进度；施工前准备工作进度；工程施工和设备安装工作进度；工程物资采购工作进度；项目动用前的准备工作进度等。

建设工程项目总进度计划系统：建设工程项目进度计划系统是由多个相互联系的进度计划组成的系统，它是项目进度控制的依据。由于各种进度计划编制所需的必要资料是在项目进展过程中逐步形成的，因此，项目进度计划系统的建立和完善也有一个过程，它也是逐步完善的。

业主方进度控制的任务是控制整个项目实施阶段的进度，包括控制设计准备阶段的工作进度、设计工作进度、施工进度、物资采购工作进度以及项目动用前准备阶段的工作进度；设计方进度控制的任务是依据设计任务委托合同对设计工作进度的要求控制设计工作进度，这是设计方履行合同的义务，设计方应尽可能使设计工作的进度与招标、施工和物资采购等工作进度相协调；施工方进度控制的任务是依据施工任务委托合同对施工进度的要求控制施工工作进度；供货方进度控制的任务是依据供货合同对供货的要求控制供货工作进度，供货进度计划应当包括供货的所有环节，如采购、加工制造、运输等。

施工方施工进度计划：建设工程项目施工进度计划，属于工程项目管理的范畴。它以每个建设项目的施工为系统，依据企业的施工生产计划的总体安排和履行施工合同的要求，以及施工条件（包括设计资料提供的条件、施工现场的条件、施工的组织条件、施工的技术条件和资源条件等）和资源利用的可能性，合理安排一个项目施工的进度。

横道图的表头为工作及其简要说明，项目进展表示在时间表格上，按照所表示工作的详细程度，时间单位可以为小时、天、周、月等。根据横道图使用者的要求，工作可按照时间先后、责任、项目对象、同类资源等进行排序。

（三）企业预算管理及编制方法

预算是企业在预测、决策的基础上，以数量和金额的形式反映企业未来一定时间内经营、投资、财务等活动的具体计划，是为实现企业目标而对各种资源和企业活动做的详细安排。预算具有两个特征：首先，预算与企业的战略或目标保持一致，因为预算是为实现企业目标而对各种资源和企业活动做的详细安排；其次，预算是数量化的并且具有可执行性，因为预算作为数量化的详细计划，它是对未来活动的细致、周密安排，是未来经营活动的依据。预算编制方法具体如下：

（1）增量预算法和零基预算法：按照预算编制出发点的不同，编制预算的方法可以划分为增量预算法和零基预算法两大类。

增量预算法是指以基期成本费用水平为基础，结合预算期业务量水平及有关降低成本的措施，通过有关费用项目而编制预算的方法。增量预算法以过去的费用发生水平为参照，主张无须在预算内容上作较大的调整。零基预算法的全称为"以零为基础的编制计划和预算的方法"，它不考虑以往会计期间所发生的费用项目或费用数额，而是一切以零为出发点，根据实际需要逐项审议预算期内各项费用的内容及开支标准是否合理，在综合平衡的基础上编制费用预算。

（2）固定预算法与弹性预算法：按照预算编制业务量基础的数量特征不同，编制预算的方法可以划分为固定预算法和弹性预算法两大类。固定预算法又称静态预算法，是指在编制预算时，只根据预算期内正常、可实现的某一固定的业务量（如生产量、销售量等）水平作为唯一基础来编制预算的方法。弹性预算法又称动态预算法，是指在成本性态分析的基础上，依据业务量、成本和利润之间的联动关系，按照预算期内可能的一系列业务量（如生产量、销售量、工时等）水平编制系列预算的方法。

（3）定期预算法和滚动预算法：按照预算编制预算期的时间特征不同，编制预算的方法可以划分为定期预算法和滚动预算法两大类。定期预算法是指在编制预算时，以不变的会计期间（如日历年度）作为预算期的一种编制预算的方法。滚动预算法又称连续预算法或永续预算法，是指在编制预算时，将预算期与会计期间脱离开，随着预算的执行不断地补充预算，逐期向后滚动，使预算期始终保持为一个固定长度（一般为 12 个月）的一种预算方法。

二、有关基建预算理论在治淮局水利项目预算中的适用性分析

从组织属性来看，H 市治淮局是政府职能部门，属于非营利组织，但不能因

为它的非营利而忽视水利工程建设管理过程中预算管理的重要性，尤其是在目前的经济形势下，水利系统财务人员必须积极发挥主观能动性，将先进的预算管理理念和预算编制方法引入水利基本建设工程项目的预算管理改进中，助力国家供给侧结构性改革，提高工程资金的使用效率。

（一）行政单位预算的编制、执行及审批监督理论在治淮局水利预算管理中的适用性分析

目前，H市治淮局水利工程建设财政性资金来源分为中央资金、省级资金和市级资金，中央和省级工程投入资金在下达时，仅通过市级财政大平台将资金直接转入治淮局管理账户，由于收支不平衡，水利基本建设项目预算一直游离于市级部门预算以外。经过对行政单位预算管理理论的研究发现，行政单位预算管理理论主要依据的是2014年8月31日修订后的《中华人民共和国预算法》，为了规范政府收支行为，强化预算约束而制定的一系列制度理论，明确规定行政单位的各项收入和支出全部纳入单位预算统一管理，实现行政单位财务活动全面反映强化财政部门对行政单位财务活动的管理和监督。因此，水利基本建设预算资金应当根据这一理论要求，将各级水利投入预算指标归口市级财政部门统一管理，基本建设项目支出纳入市级主管部门预算。另外，水利基本建设工程具有项目分布面广、建设周期长、影响因素复杂等特点，一般难以在一个预算年度内完成工程项目的建设及竣工验收，因此，水利工程投资也无法在一个特定年度内实现收支平衡，在这种情况下，建立跨年度预算平衡机制，强化三年滚动财政规划对将水利基本建设项目纳入市级部门预算起到了很好的推进作用。

（二）建设工程项目进度控制理论在治淮局水利预算管理中的适用性分析

治淮局作为水利基本建设工程的建设法人同业主方一样，需要掌握整个项目实施的总进度计划，因此，用建设工程项目总进度控制理论来分析水利工程总进度控制同样适用。治淮局通过编制项目总进度计划，可以大致确定项目的开工时间，有利于合理地安排水利项目投资计划，在编制预算项目支出时尽可能安排当年具备开工条件的项目。水利土建施工方依据施工进度计划完成合同约定工程建

设内容，形成工程量清单，对应的工程价款结算可以作为该项目建筑安装工程投资预算的编制依据，并且土建施工进度情况在一定程度上决定着各种设备进场以及安装的时间，而各类依据土建工程进度付款的监理检测等合同支付预算也是以土建施工进度为基础编制的，明确项目实施计划和时间进度，在此编制的项目年度投资需求与当年或可完成的工程量一致，保证基建投资预算的可执行性，因此，水利土建施工计划的编制理论对工程资金预算编制起着至关重要的作用。

（三）企业预算管理及编制方法在治淮局水利预算管理中适用性分析

事实上，虽然没有明确提出，但是行政单位预算编制方法与企业预算部分编制方法的理论基础是一样的，例如，一般行政单位部门预算基本支出运用的是零基预算法，跨年度预算平衡体制运用的是滚动预算法。对治淮局而言，要通过对企业预算管理和编制理论的研究，将零基预算和滚动预算相结合运用于工程建设管理费的支出中，严格控制建管费总额，节约工程建设成本。

第三节 H市治淮局水利基建工程预算管理现状及优化必要性分析

一、H市治淮局简介

H市治淮局全称为H市治淮工程建设管理局，坐落于淮河河畔，淮河流域平原广阔，耕地资源集中是我国重要的粮食产区之一，但该区域地势平缓低洼，易涝地区面积大，干流、支流洪水和面上的涝水相互影响，经常出现因洪致涝，洪涝并发的局面，中华人民共和国成立以来，国家和地方政府一直对淮河流域的防洪排涝问题十分重视，治淮局就是为了当时建设城市防洪水利工程项目于2002年10月临时组建而成的，属于H市水利局直管的临时机构，是无人员编制无经费安排的单位，主要负责作为建设法人实施H市重点水利工程。治淮局机构设置主要的五个职能科室组成人员均为水利局本级及局直各单位抽调人员，人员工资福利均由原单位发放。各科室职责如下。

工程科职责：负责工程招标投标，合同管理及工程实施过程中的监督管理、工程验收、进度统计等；下设现场管理办公室，负责现场协调施工进度。综合科职责：负责计划、人事、公文收发及档案管理、工程进度督查、文字材料、会议记录、编写简报等。质量安全科职责：负责工程实施工程中的质量、安全生产管理，指导现场机构、施工及监理单位建立工程资料档案等。财务科职责：负责落实市级配套资金、会计核算及财务管理，贯彻落实国家财经政策，编制竣工财务决算等。后勤科职责：负责征地拆迁、施工环境协调、小车管理、来人接待、行政后勤等；下设征迁管理办公室，包干负责征迁工作及征迁资金发放事宜。

二、H市治淮局水利基建项目优化预算管理的必要性

（一）提高水利基本建设投入财政性资金的使用效率

"盘活财政存量资金"是2015年上半年财税改革关键词之一，挤掉财政水分、盘活"趴窝"资金、让积极财政政策有效发力成为宏观调控的创新之举。2015年2月，财政部连续下发通知，推进中央、地方盘活存量资金，明确结转结余资金的范围及清理措施、规范结转结余资金收回过程并建立财政存量资金定期报告制度。2015年3月财政部发布了《关于进一步推进地方预算执行动态监控工作的指导意见》，明确提出建立财政资金支付全过程动态监控机制，保障预算执行严格规范、财政资金使用合规透明和财经政策措施落实到位。2015年4月，财政部再次发文指出，要进一步创新财政资金管理方式、盘活财政存量资金并加快地方政府债券发行和安排，对统筹使用沉淀的存量资金建立任务清单和时间表，用于增加公共服务供给以及急需资金支持的重大领域和项目。2015年5月，《关于收回财政存量资金预算会计处理有关问题的通知》进一步要求做好收回结转结余资金以及再安排使用的会计处理，对"收回部门预算存量资金""收回转移支付存量资金""收回财政专户存量资金"等进行明细核算。以上一系列政策要求，为加强基建项目的资金预算管理敲响警钟，对于新建的项目，一定要严格执行项目批准的建设工期，围绕年度建设目标任务，进一步落实责任、倒排工期，加快水利工程建设进度，在预算执行的管控下，加快工程价款结算和资金支付进度。

项目完工后，及时按照水利部《水利基本建设项目竣工财务决算编制规程》规定，组织编制竣工财务决算，接受竣工决算审计，在规定的时间内将项目结余资金上缴财政。

（二）清理规范工程建设领域保证金对资金支付安全的要求

根据《国务院办公厅关于清理规范工程建设领域保证金的通知》(国办发〔2016〕49号)文件的要求，对建筑业企业在工程建设中需缴纳的保证金，除依法依规设立的投标保证金、履约保证金、工程质量保证金、农民工工资保证金外，其他保证金一律取消；工程质量保证金的预留比例上限不得高于工程价款结算总额的5%；在工程项目竣工前，已经缴纳履约保证金的，建设单位不得同时预留工程质量保证金，并严禁新设保证金项目，未经国务院批准，各地区、各部门一律不得以任何形式在工程建设领域新设保证金项目。该项清理规范工程建设领域保证金的通知是推进简政放权、放管结合、优化服务改革的必要措施，有利于减轻企业负担、激发市场活力，有利于发展信用经济、建设统一市场、促进公平竞争、加快建筑业转型升级，同时，也对建设法人的工程过程管理提出了更高的要求。在以往的工程建设管理中，建设法人在预留5%质量保证金的同时，扣留5%的审计保证金，确保最终竣工决算审计核减工程量后确定的工程造价不超过已支付建筑方的工程价款，造成工程部门在核对每次工程价款结算进度清单时心存侥幸，总认为最终由竣工审计对工程造价作最终把控，从而忽视了对每次进度款的审核，敷衍了事。但在执行49号文件规定后，清退所扣留的审计保留金，这就要求建设法人必须将已完成工程价款结算的工程量与决算审计后的工程量误差最多控制在5%以内，加强预算工程量与实际完成工程量的对比。

（三）降低融资成本和简化审核程序的要求

水利基本建设资金来源的分类只有两种：

（1）按资金来源的渠道可以分为中央投资和地方投资。

（2）按资金来源的性质，可以划分为：

① 财政预算内基本建设资金。

② 用于水利基本建设的水利建设基金。

③ 国内银行及非银行金融机构贷款。

④ 经国家批准，由有关部门发行债券筹集的资金。

⑤ 经国家批准，由有关部门和单位向外国政府或国际金融机构筹集的资金。

⑥ 其他经批准，用于水利基本建设项目的资金。

2015 年国务院第 83 次常委会议提出"部署加快重大水利工程建设"，同时审议决定农发行通过专项过桥贷款方式，为地方开展重大水利工程建设提供过渡性资金支持，目前治淮局在建的基本建设项目中，有两个项目利用专项过桥贷款保障地方水利投入。

在专项过桥贷款落地的过程中，由于过桥资金到位时间与工程价款支付时间不衔接，工程价款支付进度相对滞后，易造成贷款利息成本的增加，针对这一情况，各水利工程建设法人如果根据施工方提供的预算编制，形成贷款资金需求量时段表，农发行依据该时段表合理安排发放贷款资金，就能最大限度地降低贷款成本。

另外，为了审核把关过桥贷款建设项目资金的使用，进一步加强对工程资金支付安全的监管，H 市政府要求项目建设资金要按照"施工单位申请、监理初审、建设单位审核、主管部门复核、跟踪审计认可、财政部门备案、办理资金支付"的程序，填制《H 市政府投资项目资金支付申请流转单》，该流转单涉及监理、治淮局、水利局、审计局、财政局、融资平台以及农发行 7 家单位签署审核意见，由于各单位均需进行数据审核，每次进度款申请在流转单审批程序上需要半个月以上，造成施工方资金周转不便，不符合政策制定的初衷，如果强化了预算管理，各单位对施工方的年度预算进行一次性复核，在年度预算内进度款的审批上可简化流程，加快资金支付进度。

三、H 市治淮局水利基建项目预算管理存在问题

治淮局对基本建设项目预算管理方面存在问题主要表现为收支不平衡，基本建设资金支出进度偏慢，从表面上看，只是效率问题，究其深层次原因则是体制、机制、理念和管理上的问题，具体表现在以下五个方面。

（一）对水利基建项目资金预算的预测流于形式

由于基本建设资金预算未被纳入年度部门预算，导致基本建设工程项目预算

在安排和执行中缺乏相应的依据，预测流于形式，因此，治淮局在目前的建设管理过程中，一般将工程项目的整个计划工期视为该项目的预算期间，由此导致了诸多问题，具体表现为。

（1）治淮局在基本建设投资过程中，较大程度重视投资总额管理，将概算作为预算控制总额，但由于水利基本建设项目本身的特殊性，建设过程中存在诸多变化，在实施了一系列的工程招标投标、工程合同实施、设计变更等措施后，实际建设的投资与批复的概算投资可能已经发生了较大的变动，如果再以之前的预算总额作为衡量标准去实施，必将给完成建设目标带来极大的风险。

（2）工程形象进度与财务资金支付进度不匹配。由于缺乏工程量建设预算，除工程部门外治淮局其他科室无法准确了解项目在本年度内的计划完成的工程量，财务记录项目已完成的工程量也只是对申报工程量清单的简单记录，因此，财务支付进度并不能反映实际建设完成的工程量，极易造成财务资金支付进度严重滞后于工程形象进度，但造成财务支付进度滞后的原因却是治淮局财务部门无法掌握和控制的。

（3）现场管理办公室建设管理费使用混乱。治淮局一般根据工程项目概算批复的建管费总额按一定比例确定现场办建管费的额度，在工程建设期间，现场办采用报账制向治淮局提供一定期间内的费用支出汇总表及相关发票凭证，经治淮局审核后支付费用，由于缺乏现场办建管费的预算安排，现场办不能在工程建设期间合理分配建管费的使用，极易造成工程建设后期现场办建管费额度用完，资金周转不畅导致现场办工作无法继续开展。

（4）工程设计变更与工程资金需求变更不同步。在实际施工过程中，常会遇到一些原设计未预料到的情况，如工程地质勘察资料不准确而引起的修改、设计过程中的错误、遗漏或使用材料品种的改变等，造成设计变更。一般情况下，设计变更造成工程造价的增减幅度应控制在总概算之内，但在实际工程建设中，超出概算的情况也确有发生。在工程造价超出概算的情况下，发生工程设计变更的同时未能及时作出工程资金需求预算调整，在工程进入最终竣工决算审计后，超出概算部分工程价款没有安排资金来源，造成部分工程尾款无力支付。

（二）水利基建项目预算编报主体存在的问题

（1）水利基本建设预算职能政府机构职责不清。治淮局作为预算执行主体并未真正根据项目实际情况参与预算编制过程。基本建设投资政府执行切块预算，投资计划是财政切块到发改委，每年由各基本建设法人申请，发改委根据工程进展情况编制预算，报政府同意并报同级人民代表大会通过后，批复各建管单位执行的。治淮局向发改部门申请资金并未通过各部门严格的预算编制和审核，仅由规划部门依靠主观判断上报申请资金金额，"重要钱，轻花钱"的思想依然存在；发改部门作为预算的编制主体，不能根据项目具体情况细化项目预算，分解项目各年度预算和财政资金预算需求；财政部门作为预算执行进度考核主体对于国家以及省级对水利基本建设工程下达的资金仅仅履行出纳的职责，缺乏参与权与监督权。各级政府部门职能不清，造成项目资金的下达数远远超过工程实际进度的需要。例如，治淮局承建的一项水利工程，2015年10月开工，而项目资金计划2014年下达2 000万元，2015年下达20 000万元，对于仅开工2个月的项目，资金到位数已达到22 000万元，造成该工程截至2015年年底工程建设进度以及资金支付进度严重滞后，面对水利部的工程资金支付进度考核和保证工程资金支付安全的双重任务，治淮局陷入了两难的局面，同时也造成财政资金大量闲置结余。

（2）H市治淮局组织机构性质不规范。由于近年来国家对水利工程规划投入的增加，H市需承建的水利基本建设工程数量呈逐年递增趋势，并且工程项目投资规模也较以前年度有所扩大，由当初负责承建两三个百万、千万概算投资的水利工程，到现在在建工程7个，概算投资亿元以上工程3个，其中一个水利基本建设工程投资概算达到36亿元，激增的水利工程数量和规模要求治淮局必须具备足够的建设管理能力和相应的人才储备，但H市治淮局作为水利局的临时机构，筹建之初只是为了特定的水利工程项目建设，原计划当时承建的水利工程项目结束，该机构即可撤除，因此，治淮局在建立之初采用建设法人制的管理模式，相对简单，缺乏完善有针对性的管理制度。

另外，根据当初机构的设定，治淮局无人员编制，单位组成人员只能从H市水利系统各单位抽调，但水利系统其他单位的编制人数和岗位工作相匹配，无多余人力可供抽调，因此，抽调人员必须在承担原单位部分工作的同时兼顾治淮局基本建设项目，工作任务极其繁重，抽调治淮局参与建设人员多为各单位年轻力量，年轻人在承担水利工程建设高强度工作的同时却无法在治淮局规划自己的职业生涯，又因工作时间和精力有限较难在原单位作出应有的工作业绩得到领导认可，导致年轻人在治淮局工作积极性不高，同时单位工作人员流动性大，调任与调离频繁，缺乏健全和完善管理制度的迫切性和主观能动性，没有建立完整健全的内部管理体系，即使制定了部分管理规范制度也因频繁的人员变动无法得到有效的贯彻。

（三）水利基建项目预算申报流程存在的问题

基本建设投资预算未被纳入市级部门预算，造成工程资金游离于市级财政预算管理之外。目前，水利基本建设资金来源尤其是中央专项资金和省级配套资金，都只经过市级财政账户直接转入治淮局建管账户或经主管部门拨款进入治淮局账户，并不在本年度的部门预算计划内，基本建设投资的资金预算整体未被纳入部门预算。年末，市级财政部门也仅要求治淮局对本年度通过市级财政拨款的资金使用情况作为部门决算编制基本建设支出的数据依据，但仅核算通过市级财政平台拨入资金并不能反映水利基本建设项目全部资金来源，而且水利工程建设期长，并不能实现年度内的预算收支平衡，因此造成治淮局财务人员在编制基本建设支出决算时具有随意性，水利建设支出只是象征性地进入部门决算，整体项目建设投资无法在决算中反映，违背了《行政单位财务规则》要求各项收入和支出全部纳入单位预算统一管理，实现财务活动的全面反映，强化财政部门对行政单位财务活动的管理和监督的规定。

（四）水利基建项目预算执行管理存在的问题

基本建设预算执行控制意识薄弱，造成对项目资金在建设期间内的支出没有计划安排。例如，治淮局工程部门仅将项目立项批准的文件作为资本性预算项目的起点，笼统地以此作为整个建设项目的资金预算控制总额，简单粗略地把工程完工作为基本建设的最终目标，并且在建设过程中缺乏工期进度控制意识，事实上治淮局签订的每一个项目的土建合同后都附有施工进度计划，但是这些施工计划却没有得到有效的实施，在进度发生变化时也不能及时更新，进度计划形同虚设，更别提和预算资金需求计划联系起来；财务部门在建管过程中仅承担出纳记账复核职能，也没有能够发挥其应有的审核、监督、制约作用。因此，治淮局所谓预算管理制度在很大程度上都是浮于表面的宏观理论，缺乏可操作性和行之有效的对策措施。

（五）水利基建项目预算执行结果监督与绩效评价管理存在的问题

（1）预算考评是对单位内部各级责任部门或责任中心预算执行结果进行的考核和评价，是管理者对执行者实行的一种有效的激励和约束形式。治淮局在建管工程中没有将基建预算执行作为基建部门员工绩效考核的依据，没有将预算和绩效管理二者结合，使"有章可循，有法可依"能够真正被单位落实到对部门和员工的考核中。

（2）发改、财政部门缺乏对项目实施跟踪监督机制，没有及时督促工程进度，事前和事中的监督还只停留在制度层面，大量的财政基本建设资金在下达后没有得到相关部门的有效监督，更难以做到跟踪问效、跟踪问责、对项目进行全过程监督，对于基建预算执行流程的定期检查和分析并不规范，因而在预算执行过程中，对预算执行情况疏于监管。

（3）人民代表大会未能从源头上对基本建设预算进行有效的监督，也未能在执行上对建管单位形成高压态势，导致预算监督工作极大弱化。社会监督作用发挥不够，随着财政收支规模不断扩大，基本建设投资项目日益增多，仅仅依靠政府部门对建设法人预算的监督远远不够，还应当充分发挥整个社会的监督作用，让社会各界人士都参与到基本建设预算支出的监督中。

第四节　H 市治淮局水利基建工程资金需求的预算编制内容

对基建项目资金需求的预算筹划是预算管理的起点，对实现基本建设预算管理目标具有十分重要的意义。要落实水利基建项目的预算筹划需要项目建设单位建立以批准的概算为基础、竣工决算为导向的编制依据,通过细化项目预算预测项目实际建设资金总需求,并在建设年度内分解项目各年度预算和财政资金预算需求,准确预测每个工程项目年度资金需求金额控制,是保证 H 市治淮局预算管理可行性的前提条件。

一、建立以竣工财务决算为导向、项目概算为基础的预算编制依据

概算是指在初步设计阶段,设计单位为确定拟建基本建设项目所需的投资额或费用而编制的工程造价文件,它是设计文件的重要组成部分。由于初步设计阶段对建筑物的布置、结构型式、主要尺寸以及机电设备型号规格等均已确定,所以概算是对建设工程造价有定位性质的造价测算。设计概算是编制投资计划和基本建设支出预算,进行建设资金筹措和编制施工招标标底的依据,也是考核设计方案和建设成本是否合理的依据。水利基本建设项目概算按现行费用划分办法包括以下费用:工程费(包括建筑及安装工程费、设备费)、独立费用、预备费和建设期融资利息。其中建筑及安装工程费由直接工程费、间接工程费、企业利润和税金四部分组成。直接工程费分为直接费、其他直接费和现场费。直接费又分为人工费、材料费和施工机械使用费。间接费分为企业管理费、财务费用和其他费用。初步设计概算经过审批后,成为国家控制该项目总投资的依据,不得任意突破。竣工财务决算是以货币计量和实物计量的方法,综合反映建设项目概算执行结果,对基本建设全过程资金运营结果的总结性文件。水利基本建设项目竣工财务决算是指水利建设项目内容已完工且满足竣工财务决算条件后,由项目法人根据工程全部资金投入和建设费用开支情况,按照规定的程序和方法编制的,综合反映项目从筹建到竣工交付使用全过程资金运营情况和最终形成成果的总结性经济文件,是对水利建设项目资金使用情况和财务经济效果的全面反映。从水利工程项目概决算的概念可以看出,概算是项目编制预算和预算执行过程中的基础框架,决算是工程项目预算执行最终结果的反映,因此,要将概算基础和决算要求作为治淮局编制项目预算的依据,按照项目概算在工程建设初期预测安排资金的投入产出,最终使得资金支付最大限度地符合决算要求。

二、水利基本建设工程细化项目预算的编制方法

要细化某水利工程项目预算，分年度确定资金需求，就要治淮局在该项水利工程开工前，首先根据建设项目施工进度目标控制的理论，制定该项目总进度目标，再将总进度目标分解至建设期间各年度目标；然后依据建设期间的各年度目标，编制每个年度的具体施工进度计划；接着治淮局各职能科室根据施工进度计划编制有关的工程支出资金预算；最后汇总确定该项目的年度预算资金需求。年度资金预算主要包括建筑安装工程投资预算、设备投资预算、待摊费用预算以及其他投资预算，其中待摊费用预算又可以分为建管费预算及监理等其他费用预算内容。在这些预算组成部分中，建筑安装工程进度预算是基础，其他预算组成部分是在施工设备进度预算的基础上预测而成的，下面本文将对年度预算的各项编制内容详细说明编制方法：

（一）建筑安装工程投资预算编制

建筑安装工程投资支出是指基本建设项目建设单位安装批准的建设内容发生的建筑工程和安装工程的成本，其预算根据横道图等施工计划进度编制，是整个预算的编制起点。建筑安装工程投资预算主要是根据施工进度计划和合同协议内容，分季度计算资金需求量，进而确定全年施工资金需求预算。预算年度内，施工方在报送工程量结算清单的同时需上报实际结算工程与预算工程量对比表，一般情况下，实际结算金额需与预算金额相匹配，但考虑到水利基本建设工程的特殊性，确实发生在施工过程中与设计有出入，发生设计变更的情况，根据设计变更的要求，上报有关部门批准后，进入预算调整程序。

（二）设备投资预算编制

设备投资支出是指项目建设单位按照批准的建设内容发生的各种设备的成本。设备投资预算是在施工进度计划和设备合同协议约定的基础上编制的，在土建工程施工进行到某一特定阶段时，某类设备可以进场并安装调试，设备类合同一般约定了设备进场前预付设备款比例，进场调试后付款比例，以及最终验收后付款比例，建设法人工程部门可以根据施工方提供的土建施工进度计划大致确定设备进场的时间，从而根据设备合同约定的付款方式及付款比例确定设备投资预

算。设备投资在确定了进场时间点后结合合同约定在实际编制时是相对简单的，但要注意的是每一种设备约定的质量保证金保证时间是不同的，有竣工验收后一年支付质量保证金的，也有竣工验收后三四年支付质量保证金的，而且根据国家出台的相关政策规定，质量保证金可以以银行出具的质量保函形式缴纳，因此，建设法人在编制项目竣工验收年度设备投资预算时，要充分考虑每个项目的具体情况再预测验收年度内设备投资资金需求。

（三）待摊投资预算编制

待摊投资支出是指项目建设单位按照批准的建设内容发生的，应当分摊计入相关资产价值的各项费用和税金支出。其覆盖工程支出项目众多，主要分为项目建设管理费及其他待摊费用两部分，其他待摊费用如勘测设计费、监理费、检测费等和工程实施进度密切相关的预算可以在建筑安装投资进度预算的基础上按照各自合同约定的付款方式和付款金额编制预算，本文主要介绍项目建管费的预算编制。项目建设管理费是指项目建设单位从项目筹建之日起至办理竣工财务决算之日止发生的管理性质的支出。根据财政部关于印发《基本建设项目建设成本管理规定》的通知（财建〔2016〕504号）规定，项目建设单位应当严格执行《党政机关厉行节约反对浪费条例》，严格控制项目建设管理费。在治淮工程建设管理的建管中，建设管理费在建设法人及现场管理办公室之间按照一定比例进行分配，在建管费预算编制中按编制主体可以分为建设法人建设管理费预算编制和现场管理办公室建设管理费预算编制。治淮局作为建设法人承建水利基本建设工程已经有十几年，建设法人每年度所需的建设管理费在结合往年的支出数据分析后基本可以确定，因此，在预算编制时可以采用以一个日历年度作为预算期间的定期预算法列示相关费用，预算编制比较简单。

对于现场办的建设管理费用预算，由于每个单项工程项目的现场管理办公室建管水平不一，参与人员构成复杂，在建设管理费资金支出方面存在一定的风险，治淮局作为建设法人，在现场管理办公室建设管理费预算上要执行审批程序，在预算执行过程中要实时监管，采取分年度分批次下达现场办管理费额度，现场办按照批复的预算内容使用报账的方式支出相关费用，在实际预算编制中可以采用滚动预算法进行编制。现场管理办公室根据实际建管情况需要编制建设管理费，治淮局对现场办提供的建设管理费预算申请表进行审批，现场办建管费预算最终须以治淮局审批的金额为准，如果治淮局对现场办建管费按季度下达计划，那么现场办的季度预算金额应当在计划额度以内。现场办的建管费支出实行季度报账制，每季度报账的金额需与计划对比，在整体预算资金总额不变的情况下，年度各费用项目与预算金额增减幅度控制在 10% 以内，因实际情况，确需调增建管费总额的，要提前上报申请说明资金需求用途及额度，在项目整体建管费额度充足的情况下，经治淮局主管部门领导班子会议通过后，方可调增。

（四）其他投资预算编制

其他投资支出是指项目建设单位按照批准的建设内容发生的房屋购置支出，基本畜禽、林木等的购置、饲养、培育支出，办公生活用家具、器具购置支出，软件研发和不能计入设备投资的软件购置等支出。对治淮局而言，目前其他投资支出的主要范围是办公生活用家具、器具的购置支出，预算编制可以根据治淮局各个职能部门实际工作需要提交购置申请计划，申请计划包括需购置物品的名称、规格型号、数量以及报价，经治淮局局长审批后进入预算流程。对于上述采购的办公生活用品在政府采购目录内或限额标准以上的必须执行政府采购程序，编制政府采购预算。在其他投资预算的编制过程中，如果相应的办公设备能够明确是为某一基本建设工程购置的，则该办公设备发生的支出可以直接计入这项基本建设工程成本，如本年新开工 A 工程项目，为 A 工程项目核算会计配备的电脑、打印机等办公设备均可直接计入 A 工程项目。但治淮局作为建设法人常年承建多项基本建设工程，在建工程项目始终保持在 3~5 个，如果将不确定是为哪项基本建设工程购置的办公设备直接计入一项工程项目，则费用列支存在不合理性和随意性。例如，在多个项目工程同时在建的情况下，为某一职能科室配备的空调，则无法明确直接计入某一基建项目工程成本，为解决这一问题，建议汇总年度内该类型办公设备总额，采用以各基建项目概算金额和该工程剩余工期作为分配比例，计算分配至各基建项目的其他投资预算金额。

（五）基本建设工程项目投资资金需求年度预算编制

治淮局财务部门应当在综合考虑上述年度工作计划、各业务科室编制的工程资金需求预算以及以前年度工程资金结转的情况下，确定各工程项目的年度资金需求，编制基本建设工程项目投资资金需求年度预算。在预算报批过程中，配合财政部门结合本预算年度财政财力状况以及各融资渠道获取资金投入的利息成本，合理确定工程项目资金需求在各级财政预算资金和融资渠道融入资金之间的分摊比例，最大限度地节约工程利息成本。

第五节　H市治淮局水利基建工程预算实施管理的优化对策

通过对水利基建项目资金需求的预算编制内容的细化分解，保证了项目建设的年度资金需求的准确性，接下来还需要对项目预算的申报、执行、监督与绩效评价的预算流程提出一系列切实可行的优化对策，以促进项目预算管理目标的实现。

一、科学规范工程预算编制主体职责

（一）明晰水利基建各预算职能政府机构职责

针对水利基本建设项目资金预算编制主体、执行主体、监管主体职责不清，相互分离的现状，首先，治淮局要加强职能部门的预算编制意识，立足于工程项目的具体情况，按照细化项目预算编制的方法科学合理地预测工程支出资金需求，尽可能做到当年项目预算资金需求与或可完成工程量一致，要"重要钱"，也要"重花钱"，树立项目年度预算收支平衡理念，既要考虑履行职能的实际需要，又要充分考虑国家财力可能，正确处理量力而行和尽力而为的关系，保证重点、兼顾一般，为发改部门的调研提供科学化、精细化的数据支持；其次，发改部门要加强与预算执行主体建设法人的联系，要深入项目单位调研实际情况，根据项目的实施进展情况安排资金，进一步加强安排基本建设资金建议的科学性；最后，还要理顺基本建设预算执行主体和预算监管主体的政府职能，虽然发改部门作为基本建设预算的编制主体，但最终基本建设预算内容还应纳入水利工程主管部门的大预算体系，财政部部长楼继伟曾强调"建立跨年度预算平衡机制，为今后试行中期财政规划管理，研究编制三年滚动预算财政规划，并强化其年度预算的约

束留出空间，也为硬化支出预算约束、科学理财、依法理财提供了制度保障"。财政部门要积极创新工作方法，执行跨年度预算平衡机制，试行基本建设预算资金的滚动管理。

（二）规范治淮局组织性质，提高机构技术力量

（1）申请改变治淮局机构性质，将其作为常设事业单位。治淮局因其临时机构的单位性质，在内部管理和调动职工积极性方面存在诸多限制，而且也不符合国家对相关职能机构的管理政策，目前，H市水利局已经作为主管部门向人社局编制管理办公室申请改变治淮局机构性质，将其设立为常设事业单位，并配置相应的编制人员和工作经费，该申请正在编办的审核过程中。如果申请得到肯定的批复，治淮局拥有独立的人员配置，可以通过事业单位招聘方式为水利基本建设招揽专业对口的优秀人才，并将其培养为技术骨干力量，为治淮局水利建设队伍注入新鲜血液。伴随着治淮局机构性质的变化，各职能科室工作人员会积极健全和完善各项规章制度，并及时贯彻执行有关管理制度，保证治淮局在建管过程中能够运用科学的方法管理单位及水利工程，做到各项管理有法可依、有章可循，使单位的管理制度化、规范化，最终为单位建立良好的单位文化和高效的工作机制，提高内部管理水平。

（2）通过政府购买服务寻求第三方技术支持。人员配备不足，技术力量跟不上始终是治淮局的硬伤，如果改变单位性质的申请在短时间内得不到肯定的答复，则可以依据国务院办公厅《关于政府向社会力量购买服务的指导意见》(国办发〔2013〕96号)和财政部关于印发《政府购买服务管理办法(暂行)》的通知(财综〔2014〕96号)以及安徽省人民政府办公厅《关于政府向社会力量购买服务的实施意见》(皖政办〔2013〕46号)的要求，向依法在民政部门登记成立或经国务院批准免予登记的社会组织，以及依法在工商管理或行业主管部门登记成立的企业、机构等社会力量购买水利工程建设管理以及财务管理方面的技术支持服务，改善治淮局人员技术力量不足的现状。治淮局可以按照《中华人民共和国政府采购法》的有关规定，采用公开招标、邀请招标、竞争性谈判、单一来源、询价等方式确定承接主体，要求承接购买服务的主体不仅要具备健全的内部治理结构、财务会计和资产管理制度以及良好的社会和商业信誉，还要具备能够提供建管服

务所必需的设施、人员和专业技术能力，同时加强对服务提供全过程的跟踪监管和对服务成果的检查验收以及绩效评价，多管齐下确保该承接机构的软硬件实力和履行合同义务的质量效果能够帮助治淮局实现对水利工程的预算管理目标。

（三）建立健全治淮局预算编报体系及主体责任

（1）治淮局项目预算管理应实行"标准统一、归口统筹、集体决策、分级执行"的层级管理形式，具体划分为预算决策机构、预算日常管理机构及单位内部项目预算实施机构三个层级的项目预算管理组织体系。治淮局局长办公会议是项目预算决策机构。其主要职责是：决定项目预算管理政策，提出年度项目预算编制的总体目标和总体要求，研究审定项目预算、听取预算执行情况分析报告。治淮局财务部门是项目预算日常管理机构。在分管财务部门领导的指导下，其主要职责包括：负责项目预算日常管理的组织协调工作；审核汇总项目年度预算和年度预算调整、追加方案；根据财政部门的预算批复，对内分解预算指标至各预算编制职能部门，并按相关规定做好预算及财务数据向社会公开工作；对年度项目预算执行情况进行分析、考核和检查，通报督办各职能部门的预算执行情况，编写项目预算执行分析报告。治淮局各业务科室是项目预算的具体实施机构。单位内部工程、征迁、综合、现场办等职能部门具体负责本部门业务涉及的基本建设预算的编制、执行、分析、控制等工作，并配合财务部门做好项目总预算的综合平衡、协调、分析、控制、考核等工作，各职能部门主要负责人对本部门预算执行结果承担责任。

（2）明确规定治淮局各业务科室主体责任。由上述水利基本建设预算管理组织体系可以看出，项目的资金需求预算不是财务一个部门独立测算的，它必须紧密结合年度工程建设具体任务和项目实施目标，是落实计划的需要，治淮局应建立健全预算执行责任制度，明确预算执行的内部分工。治淮局各职能部门根据其在建设管理中承担的责任，成为相应预算内容的责任编制主体。各责任编制主体按照预算编制报送要求期限内，根据目前的在建工程施工进度、预计下一年度将开工的工程项目以及概算、合同约定等内容，编制各自职责范围内的预算内容，再由财务科室汇总编报。各预算编制责任主体应当加强对其编制预算内容的执行管理，分解预算执行目标，制订预算执行计划，重视预算执行分析，提高预算执行的均衡性和预算执行率。

二、落实基建预算纳入市级部门预算的申报流程

财政部第 81 号令要求项目建设单位应当将项目资金需求纳入项目主管部门的部门预算或者国有资本经营预算统一管理，这就要求项目主管部门要向财政部门报送整个年度的项目预算执行计划，要做到发改部门编制投资计划与项目主管部门编制预算时间同步推进。对于水利基本建设资金预算，财政部门要和对待其他项目支出预算一样，执行预算审批程序，与其他项目支出不同的是，要比照发改委下达的基本建设项目投资计划，最终确定基本建设支出年度预算并下达支出预算指标。

（一）建立基本建设项目库

治淮局要先建立健全基本建设项目规划、项目储备工作机制，列入部门预算的项目，一般应当从项目库中产生。治淮局职能科室按照项目储备管理的有关规定，根据项目规划、上级要求和本单位实际，编制新增水利工程项目申报文本。对重大水利工程项目应按规定在项目申报前组织专家论证，并将论证报告随同项目申报文本一同上报。项目录入工作要由各项目职能科室牵头，相关专业人员及财务人员参与，对拟申报项目进行审查，最后将通过评审的项目录入项目库。

（二）执行行政单位部门预算审批程序

基本建设项目预算并入主管部门预算后，也要执行行政单位"两上两下"的预算审批程序："一上"是治淮局财务部门按照财政部门规定的报表格式和要求，编制项目年度收支预算，经主管部门 H 市水利局审核汇总后报同级财政部门；项目预算在上报财政部门之前各职能部门要执行治淮局内部预算编制上报管理制度，各业务科室根据上年预算执行情况及本预算年度基本建设项目进展目标和计划以及预算编制的规定，分析各项增减因素对项目收支的影响，提出项目本年度投资计划、支出预算建议数，经分管业务局领导、分管财务局领导同意后上报，提交财务科室汇总，最终形成项目支出资金总需求预算，提交局长办公会研究决定，最终决定结果成为部门决算流程中"一上"的预算建议数；"一下"是财政部门在收到预算单位的预算建议数后进行审核，重点审核收入是否全部列入预算，

支出是否符合有关的支出标准，然后根据本预算年度财力状况，经综合平衡后下达预算控制数；"二上"治淮局必须按照财政部门下达的控制数对支出项目进行细化分解，结合单位预算年度的收支情况，本着"量入为出，不留缺口"的原则，分别轻重缓急，对相关收支项目进行调整，编制正式的单位项目预算，并按照规定时间将正式预算逐级上报审核汇总，由水利局报财政部门审核；"二下"是财政部门对预算单位报送的"二上"数据进行审核，经法定程序后正式批复预算，预算批复后即成为预算执行的依据。

三、建立全过程控制且高效协调的预算执行流程

（一）加强项目预算执行过程分析控制

预算执行分析控制是在预算执行过程中，对项目预算执行情况，包括预算既定目标的完成情况、预算执行情况、预算控制情况等的分析及评价，是执行预算管理和进行预算过程控制的重要手段。年度预算指标经批复后，治淮局一般要求各预算执行业务科室根据各项目实际情况并结合基建预算编制的细化方法将年度预算分解为季度预算，对于对年度预算执行结果产生重大影响因素的预算项目要求细化为月度预算，以便及时发现预算执行差异，调整施工计划方案。

（1）充分发挥财务部门在预算执行过程分析控制中的牵头作用：财务部门在进行基建项目核算时必须严格执行《基本建设财务管理规定》，对所有工程价款结算支出的合同资料、协议以及审批手续进行复核，确保每一笔预算工程价款支出的合法性。在保证财务核算支出真实、合规、合法的前提下，治淮局财务部门依据项目实际要求，按季度或月度编制"资金预算差异报告表"，使用该表监控基本建设预算的执行情况，对项目年度预算进行综合分析，抓住预算执行中存在的突出问题，从财务的角度全面深入分析，明确差异发生的时间段，属于上期延续差异还是本期发生差异；明确造成差异发生的单位部门，是提供建筑设备安装的施工企业还是治淮局业务科室；明确差异金额对预算执行结果影响的重要程度，并及时向各执行预算职能科室、治淮局局长办公会和治淮局主管部门提供报告结果。

（2）形成预算执行分析控制报告制度：治淮局必须建立财务预算执行分析

报告制度、要求各业务科室根据财务部门提供的资金预算执行差异报告表对本科室作为责任编制主体发生的预算差异进行原因分析，无论是有利的差异还是不利的差异均要分析说明，尤其是对年度预算执行的不利差异。造成某项预算内容差异的原因可能是多方面的，例如，某单项工程土建预算执行进度缓慢，原因可能是施工企业工期延误，也可能是治淮局部门对工程量清单审核过程缓慢，还可能是财务部门配套资金没有落实到位，造成已完成工程量不能及时进行工程价款结算，因此，对某项预算差异要进行综合分析，确定造成差异的原因并分析各种原因对最终结果的影响程度。规定各预算编制主体应当于收到资金预算执行差异报告表后的次月 8 日前，向财务部门提供上月或上季度预算执行情况，形成分析报告。最后由财务部门将各业务科室提供的基本建设预算的执行进度、执行差异及其对单位基本建设预算目标的影响等信息汇总并整体反馈各业务科室。

（3）形成预算执行差异纠偏例会制度：治淮局综合部门根据预算执行差异对预算最终结果的影响程度，并请示局领导后确定存在重大预算执行差异的因素，及时召开预算执行差异纠偏例会，各业务科室科长列席会议，对造成差异的原因提出针对性和可操作性强的改善建议，确保在预算执行过程中，执行问题初现端倪的时间段内，及时调整预算执行安排，确定相关责任人，限期整改，避免影响最终年度预算执行结果。例会内容形成会议记录，由综合部门负责跟踪记录整改的结果，该结果最终影响相关科室的预算执行结果考核以及相关责任人的年度考评。

（二）规范基本建设项目的预算调整

部门预算规则规定，为维护预算的严肃性，单位预算经财政部门批复后，一般不予调整，基本建设预算单位在执行中由于施工条件、建设内容或政策法规发生重大变化，致使基本建设预算的编制基础不成立，或者导致基本建设预算执行结果发生重大偏差的，根据需要可以按照规定的程序报批后，进行预算调整。就治淮局基本建设项目而言，水利工程极易在施工过程中产生与计划不符的突发状况，如在征迁过程中遇到阻碍，难以按时开工，或天气等原因，给基本建设预算执行增加了难度，治淮局要利用多年施工经验在预算编制初期尽可能考虑全面，并在执行过程中可以采用滚动预算的方式，将年度预算指标细化至月度，及时调整预算执行过程中出现的问题，尽量规避预算调整。由于水利基建项目的立项时间和实施周期较长，很多因素在实际实施过程中已经和立项时的情况发生了变化，导致设计变更较多，设计变更发生时需要经过建设单位、监理单位、设计单位、施工单位都认可，根据变更的规模上报上级有审批权限的部门，经批复后才能实施，造成工程施工无法正常进行的变化情况，这是治淮局主观上难以避免的，必须进行预算调整，那么首先治淮局要根据设计变更程度提交申请报市级主管部门或省级主管部门审批，并按照审批内容备案，然后进入预算调整程序，向财政部门提出办理年度预算追加或追减的申请。

（三）加强治淮局各预算编制业务科室的沟通协调

治淮局目前的管理现状是各职能部门业务科室各自为政，互不沟通，造成工程部门不了解财务部门支付程序，财务部门不了解工程部门项目进展，综合部门发挥不了其应有的全面掌握的职能，因此，治淮局在预算管理工作过程中要鼓励各部门员工全员参与，注重培养职工的积极主动性和预算法治意识，此举不但能够强化预算管理，还可以加强各部门之间的配合以及技术工作层面的沟通交流，提高工作效率。具体实施可以通过以下两个方面：

（1）业务科室之间开展相互培训：各业务科室之间定期相互开展各自专业领域的初级培训，加强沟通交流；虽然治淮局各个职能部门均有其固有的技术专业领域，但无论职工对本职能部门的专业技术能力多强，若对其他部门的工作流程以及基础专业知识毫不了解，仍然在工作过程中存在盲区，造成工程建管不顺。因此，建议治淮局安排各职能部门在完成好本科室工作任务的前提下，季度或半年度开展一次相互之间的基础培训学习，培训专业内容可以浅显，联系日常工作中遇到的问题，强调需要其他部门配合的内容，以通俗易懂的方式培训、沟通交流。例如，财务部门可以培训工程价款结算流程和工程量最终净支付金额计算方法让工程部门了解其核算的项目工程量与财务最终支付金额的数据逻辑关系、培训政府采购的要求细节让其他业务科室在申请政府采购时明确知晓需提供的基础资料、培训与治淮局日常工作息息相关的最新财政财经法规制度如差旅费执行标准等；工程部门可以向其他业务科室培训招标投标规程、已完工程量与概算细化项目的关系等；综合部门可以培训档案管理方法让其他科室了解借阅和归还相关工程档案资料应注意的流程细节等。这样不仅可以增进各部门之间的相互了解，还可以提高各部门职工的工程建管综合能力和工作效率。

（2）定期或不定期召开工程进展调度会：定期或不定期召开工程进展调度会，各职能部门通报预算执行进度。从表面上看，预算管理是治淮局一家单位的工作，但事实上它的执行离不开参与工程建设各方的支持与配合。治淮局可以根据水利工程项目实施的具体情况不定期召开工程进展调度会，要求局各业务科室科长、施工企业项目经理，监理、现场管理办公室负责人、征迁管理办公室负责人等参与工程建设的各方代表出席参加，会上对各职能部门预算执行存在的问题进行沟通协调，如果工程形象进度进展缓慢，可以调度施工企业加快施工进度、监理部门及时审核；如果工程资金支付滞后，可以调度施工企业和工程部门及时办理工程价款结算申请，完成资金支付；如果施工方等外方单位在施工过程遇到待解决的问题，治淮局各科室全力配合，治淮局解决不了的问题及时整理会议记录形成材料上报主管部门，力求以最快的速度解决预算执行工作中存在的问题。

四、强化项目预算执行结果监督与绩效评价

预算年度终了，治淮局应当及时向财政部门和主管部门报告预算执行情况，编制基本建设部门决算，接受政府职能部门和社会各界的监督，同时还要加强预算绩效管理，建立"预算制有目标、预算执行有监控、项目完成有评价、评价结果有反馈、反馈结果要运用"的预算绩效管理模式。具体改进措施如下。

（一）强化基本建设项目支出的决算管理

基本建设项目决算是在年度终了，根据财政部门的要求，对工程建设各项目收支账目，往来款项、货币资金和财产物资等进行全面的清理结算，在此基础上形成的预算单位年度财务状况和预算执行结果的总结性书面文件，包括年度决算报表和财务情况说明书等，经主管部门水利局审核汇总后，报送财政部门审批。建设单位的预算编制、执行和决算是单位预算管理的重要组成部分，三者相互联系、相互作用，不可分割，共同构成单位预算管理的整体。目前，在基本建设项目支出预算尚未纳入部门预算的情况下，财政部门仅要求治淮局对预算年度内通过市级财政大平台拨入基本建设账户的资金收入部分在部门决算中列示支出情况，然而基本建设项目的资金收入是在工程建设工期内滚动产生的，治淮局本年

的工程建设支出资金来源并不尽然是预算年度下达的资金计划，因此，在决算数据编制过程中存在随意性。为改变这一决算数据不完整、不真实，与预算不衔接的问题，治淮局要在加强预算编制、执行的前提下，高度重视决算管理，加强决算数据分析，一旦发现财务管理中存在问题，要有针对性地提出管理措施，实现单位财务工作的精细化管理，发挥决算在单位财务管理中的作用。

（二）制定预算执行考核评价制度

决算编制完成后，治淮局应对年度内基建项目预算执行情况进行考核评价，考评主要分为两个方面：一方面是对治淮局的预算执行绩效评价财政部门或上级主管部门对治淮局整体基本建设预算执行情况的考核评价，主要考评治淮局在建的各项基本建设工程的预算执行结果是否与年度设定的预算目标一致，跨期预算项目应该进行延续性追踪问效；治淮局对内部各预算编制业务科室在各自职责范围内的项目预算执行情况进行考核评价，考评结果作为对业务科室年终评价的依据之一，对预算执行差异较大的业务科室要结合实际情况综合分析，确因主观原因对预算执行结果造成不利影响的，要形成问责机制；在对各业务科室预算执行情况考评的基础上，对业务科室参与预算编制、执行和调整的工作人员进行考核评价。为调动预算执行者的积极性，治淮局可以制定激励政策，如预算执行考评结果可以作为职工参与原单位"优秀职工"的评选依据，或在不违反相关规定的情况下，给予预算执行者适当的物质奖励。另一方面是对施工单位的预算执行评价，与其他行政单位的基本支出预算不同，基本建设工程预算执行结果部分依赖于施工企业的配合程度，预算年度末，对施工单位年初的进度计划、预算编制和本年度实际完成的工程量进行对比分析，评价施工单位的预算执行情况，评价结果可纳入浙江省施工合同信用评价系统，并直接影响该企业以后在浙江省的工程投标，提高施工企业对进度计划、预算编制的重视程度。

（三）加强基本建设项目支出预算的全过程跟踪审计

在完整的基本建设管理流程中，不仅需要事前经济社会效益审计来保证水利工程的经济合理性和事后竣工财务决算审计保证预算执行成果的有效性，还需要事中监控跟踪审计来保证水利工程建设管理流程顺利、有效运行。水利工程跟踪审计是通过招标投标或竞争性谈判确定的独立审计机构和审计人员运用审计技术，依据国家有关法律、法规和制度规范，对项目从投资立项到交付使用各阶段经济管理活动的真实、合法、效益进行审查、监督、分析和评价的过程。全过程跟踪审计涵盖水利工程建设的四个阶段，第一是设计阶段：主要审计设计招标投标文件、图纸和设计概、预算；第二是招标投标阶段：主要审计招标文件、工程量清单、投标文件、投标报价和施工合同；第三是施工阶段：主要审计进度款支付、工程结算资料、工程变更以及主要材料、设备定价等内容；第五是竣工结算阶段：主要审计工程结束资料和工程结算书。加强水利基本建设项目支出预算的跟踪审计，有效防止涉及民生的重大水利工程投资项目搞劳民伤财、形象工程、政绩工程和"豆腐渣"工程，一改过去的事后审计为事前介入、事中跟踪，避免可事后审计虽然查出问题，但已成既定事实，纠正起来难度较大的问题。可以提高资金的使用效率，有效提高了项目建设的质量和效益。

（四）充分发挥社会力量对水利工程预算管理的监督

治淮局应当在预算年度终了，完成对各业务科室的决算信息收集工作，按照财政部门的相关规定对决算信息进行审核和汇总，最后以报告的形式提交财政部，治淮局财务部门要对预、决算差距较大的数据进行认真调查取证，从不同角度对预、决算差距对比分析，对相关的信息作出合理的解释。决算报告在得到财政部门的批复后，应在规定的时间内通过主管部门官方网站和 H 市政府网公开发布，让人民群众及时完整地获取和掌握治淮局部门预、决算公开信息，确保社会公众的知情权、参与权和监督权，有利于进一步发挥社会力量对水利工程预算管理监督，构建复合型监督机制。强化媒体监督在预、决算公开中的有利作用。新闻媒体在信息不对称的情况下，起到了信息收集传播的重要中介作用，提高了政府预、决算信息的透明度，媒体公开言论和舆论导向形成对治淮局提供预、决算信息的问责压力，更有力地将水利工程预、决算信息置于社会监督体系之下，强化治淮局各部门责任意识，为编好预算、精准执行预算，加快水利工程进度奠定了良好的基础。但新闻媒体有时出于自身利益考虑，为了吸引眼球，也会报道失真，夸大其词，政府部门要及时通过官方网站辟谣，要求新闻媒体更正相关报道，以保障媒体监督在预、决算公开中的有利作用。

第五章　水利工程建设项目环境监理体系

第一节　国内外研究现状

一、国外发展现状

部分欧美发达国家已率先于 20 世纪 80 年代在公路工程建设项目中开展环境管理工作。经过 20 余年的发展，部分国家已经建立了完善的环境监理体系。美国行使环境监管职能的机构为交通部公路环境管理局下设的规划与环保处。环境监理机构采用独立式环境监理模式，"将环保优先"的理念贯彻整个水利工程建设项目，保证环境监督与环境管理工作的有效开展。加拿大的环境管理工作主要由政府派出的环境监督专员负责。他们根据政府建立的完善的环境保护法律体系，监管水利工程建设项目各阶段的环境保护工作，一旦出现违法行为立即予以重罚。这使加拿大"尊重自然、恢复自然"的环保理念深入人心。另外，加拿大新斯科舍省和安大略省等省级交通部门也制订了相应水利工程建设项目环境管理计划，其中环境监理内容主要包括：

（1）选种适宜的植物，恢复施工受影响地区的生态平衡。

（2）在详细调查的基础上，尽可能保护施工沿线的植被。

（3）在野生动物出没路段或区域大型动物季节性迁徙路径中设置相关动物保护标志，为其构筑安全通道。

德国要求交通类水利工程建设项目拟订长期环保计划，相关环境监理工作必须在建设前引入，以免或降低交通类水利工程建设项目的环境影响。环境监理单位的工作内容主要包括：

（1）施工单位需严格执行声环境保护和大气环境保护相关法律法规，保证项目建设全过程各个阶段噪声和大气有害物质排放达标。对出现违规或超标现象的水利工程建设项目，施工单位必须提供相应的解决措施并承担法律责任。

（2）施工单位必须尽可能避免或削减水利工程建设项目对周围区域生态环境产生的不利影响，一旦损害无法避免，施工方必须采取相应的补救措施。瑞士针对水利工程建设项目施工阶段产生的环境影响制定了严格的法律和标准。首先，政府规定采用独立式环境监理模式落实各项环保工作；其次，政府要求环境监理单位必须定期或不定期对水利工程建设项目及其周边环境影响参数进行监测，一旦出现不达标情况，由施工单位提出整改方案；最后，政府还规定在整个水利工程建设项目竣工后，建设单位必须及时消除现场人为的施工痕迹，使其恢复自然状态。

澳大利亚政府要求施工单位必须严格实行施工计划审批、环境自检和环境监理资格认证等相关环境保护制度，在工程施工阶段定期对各项环境保护指标实时监测，并写入环境监理月报之中。政府市政部门定期对水利工程建设项目开展抽查和检测，公众也可以随时辅助政府机关对处于施工阶段的水利工程建设项目进行监管，发现环境影响问题可随时举报，保证施工阶段环境质量的达标。

二、国内研究现状

20 世纪 80 年代以来，我国工程建设项目环境管理工作主要实行环境影响评价制度、"三同时"制度和排污收费制度三项管理制度。在这种模式下，环境管理的重点为环保审批和竣工验收两个环节，即"事前监督"和"事后验收"。对于水利工程建设项目设计和施工阶段产生的各类环境问题，我国在很长一段时间内并没有采取切实有效的管理手段。

自 20 世纪 90 年代开始，针对解决工程建设项目施工期造成的一系列生态环境影响，我国开始引入水利工程建设项目环境监理并逐渐在全国各大项目中展开试点。2005 年，长安大学杨文颖针对公路工程建设项目首次开展了公路环境监理体系研究，提出了水利工程建设项目环境监理体系相关概念，初步建立了公路环境监理组织机构体系，并对公路工程建设项目施工期环境监理技术体系进行初步探讨。研究从宁夏银古高速公路和湖南邵怀高速公路环境监理实践试点中总结出公路环境监理体系基本框架，并将之分为公路环境监理组织机构体系、技术体系和管理评价体系三部分。

总的来说，该体系较为全面，基本归纳了公路环境监理体系的构成要素，但是，在公路工程建设项目环境监理考核方面稍有欠缺。

2006年，长安大学曹广华详细研究了公路工程建设项目环境监理的技术方法。他在项目建议书阶段、施工准备阶段、施工阶段和运营阶段分别提出了公路网规划环境影响评价、施工组织环保设计、环境监理和环境后评价的工作程序和内容。

2008年，河北工业大学张笕对水利工程建设项目环境监理体系框架进行研究，从组织结构、技术方法和指标控制三方面对环境监理体系进行进一步的分析，又从水利工程建设项目质量控制、进度控制、投资控制、合同管理、信息管理以及组织协调六方面对工程项目管理进行探讨，为环境监理预算及工作方案提供了参考依据。

2010年，长安大学江泉在杨文颖和曹广华研究的基础上，对公路工程建设项目环境监理体系进行了优化，形成了层次更加鲜明、结构更加合理的公路工程建设项目环境监理体系。

2013年，西北大学靳秋颖在铁路环境监理方面，对铁路水利工程建设项目环境监理模式和技术方法展开研究。首先根据施工期铁路水利工程建设项目特点，分析铁路水利工程建设项目的环境影响特征与影响因素；之后比较了国内水利工程建设项目环境监理模式的优缺点，讨论了铁路水利工程建设项目适用的环境监理模式；再后来对铁路水利工程建设项目环境监理工作内容和方法进行阐述；最后根据实际铁路水利工程建设项目中的应用情况，提出铁路水利工程建设项目施工期环境监理工作要点。

2014年，西南交通大学李智研究了工业类水利工程建设项目环境监理过程控制。首先通过对实际工业类水利工程建设项目施工期环境监理工作的比较，建立科学有效的指标体系和结构层次；之后结合专家咨询法，赋予评价指标权重；最后通过层次分析法，确立阶段性环境监理评价效果，并对现阶段环境监理工作存在的不足加以改进。由此可见，目前国内关于水利工程建设项目环境监理体系的研究主要针对于交通类水利工程建设项目，而对其他类型水利工程建设项目环境监理体系的研究甚少，对水利工程建设项目全过程环境监理体系开展的研究更是寥寥无几。因此，进一步加强水利工程建设项目全过程环境监理体系研究迫在眉睫。

三、发展趋势

根据目前国内各省市环境监理的开展情况，环境监理工作的发展趋势主要概括为以下三个方面：

（1）加快环境监理法治化建设。根据试点省环境监理实践成果，积极总结经验教训，加快出台全国范围内的水利工程建设项目环境监理管理制度和管理办法，健全环境监理法律体系，确立水利工程建设项目环境监理的法律地位，使水利工程建设项目环境监理工作有法可依。

（2）健全水利工程建设项目全过程环境监理体系。从环境监理组织管理、操作内容、信息管理、风险管理和保障管理等方面逐步建立完善的水利工程建设项目全过程环境监理体系，推动水利工程建设项目环境监理工作高效化和规范化发展。

（3）推动水利工程建设项目环境监理工作深入开展。进一步扩大环境监理试点范围，强化水利工程建设项目环境监理工作有效实施。通过培养高素质环境监理人才，增强环境监理队伍业务质量，促进环境监理单位与各参建方之间的沟通和协调，提高参建方的环境保护意识。

第二节　水利工程建设项目环境监理概念和特点

一、水利工程建设项目环境监理内涵与外延

（一）水利工程建设项目

建设项目，一般是指根据一个总体设计进行施工，将大量人力、物力和财力在一定的时间、空间、质量和费用范围内有序地组织建设，最终成为具有完整系统和使用价值或独立生产能力的总体。根据水利工程建设项目全过程管理理念，

一个水利工程建设项目的生命周期可以分为三个阶段：第一阶段：前期准备阶段，主要包括对水利工程建设项目进行相应的规划和部署。第二阶段：项目实施阶段，主要指根据准备阶段进行的规划，有组织地投入项目要素，实现具体项目目标。第三阶段：项目终结阶段，主要包括对整个水利工程建设项目工作进行总结和收尾。

（二）水利工程建设项目环境监理

参考 2012 年 1 月环保部下发的《关于进一步推进水利工程建设项目环境监理试点工作的通知》以及国内外其他环境监理方面的研究，本文对水利工程建设项目环境监理作出如下定义：水利工程建设项目环境监理是指社会化、专业化的环境监理单位受建设单位委托和授权，依据国家相关环境保护、工程建设法律法规和国家批准的工程项目建设文件、水利工程建设项目环评及其批复文件、环境监理合同等，确保水利工程建设项目各项环保措施的全面落实，为水利工程建设项目提供专业的环境保护咨询和技术支持。水利工程建设项目环境监理是我国目前和今后加强水利工程建设项目环境保护工作的必要措施，开展水利工程建设项目环境监理工作能够推进水利工程建设项目良性发展，实现水利工程建设项目环境影响最小化、经济和环境效益最大化。

（三）水利工程建设项目环境监理的主要工作对象

（1）自然环境：主要包括水利工程建设项目区域内及可影响范围内的大气、水、噪声、土壤、固废、生态等自然环境。

（2）社会环境：主要包括所有参建方工作人员以及水利工程建设项目区域内和可影响范围内的居民、工作者的身体健康等社会环境。

（四）水利工程建设项目环境监理的主要工作内容

（1）环保工程设施监理：是指监督和检查施工单位在整个项目建设中环保设施的落实情况。具体包括：出现环境问题时是否及时采取环境污染治理措施、是否按照水利工程建设项目环境影响评价及其批复的要求建设环境风险防范措施、是否根据水利工程建设项目环境保护"三同时"制度要求落实各项污染治理工程的工艺、规模和进度等。

（2）环保质量达标监理：是指监督并确保水利工程建设项目施工过程中的

环境质量达到国家和当地环境保护部门的有关要求。具体包括：根据水利工程建设项目环境影响评价文件和生态保护要求，控制项目建设区域及可影响范围内的大气、水、噪声、土壤、固废以及生态环境各项指标在规定允许范围之内；保障参建方工作人员以及水利工程建设项目区域内和可影响范围内的居民、工作者的身体健康。

（五）水利工程建设项目环境监理工作原则

环境监理工作原则主要包括：

① 严格遵守国家环保法律法规。

② 遵循生态环境保护基本原理。

③ 环境监理工作目的明确，注重实效。

④ 采取的环保措施具有一定超前性。

⑤ 坚持预防为主，控制为辅，实施功能补偿。

⑥ 对生态敏感区工作重点强化。

（六）水利工程建设项目全过程环境监理体系

现阶段我国环境监理工作主要停留在建设施工阶段，与准备阶段的环境影响评价和终结阶段的环境保护验收相互割裂，缺乏对项目建设全过程的监督和管理。为了更好地实现水利工程建设项目工程效益与环境效益的双赢，笔者建议我国加快建立水利工程建设项目全过程环境管理体系。水利工程建设项目全过程环境监理体系主要是指从水利工程建设项目的规划设计、建设施工、竣工验收、试运行到总结评价各个阶段，所有涉及生态环境保护的各项环境管理工作。开展水利工程建设项目全过程环境监理的作用在于：首先，通过将项目确定、项目设计、项目施工、竣工验收以及项目试运营五个阶段紧密结合，真正实现水利工程建设项目全过程全方位的环境管理；其次，全面落实水利工程建设项目环保"三同时"制度、环境影响评价制度和环保验收制度，真正将水利工程建设项目环境保护工作落到实处；最后，使水利工程建设项目环境监理工作凭借独立环境监理工作团队开展，提高各参建方的环保参与意识，为日后环境监理工作的深入开展起到推动作用。

二、开展环境监理的水利工程建设项目探讨

由于我国水利工程建设项目环境监理工作尚处于试点阶段，并非所有水利工程建设项目都必须开展环境监理。根据国家相关法律法规和参考部分地方政策制度，符合如下条件的水利工程建设项目必须进行环境监理：

（1）《国家重点水利工程建设项目管理办法》中列入的国家级重点建设的工程项目。

（2）对社会发展、国民经济建设以及生态环境产生重大影响的骨干项目。

（3）国家或地方政府强制规定开展环境监理的水利工程建设项目。

（4）国家规定实行工程监理的生态环境保护项目。

（5）政府环保部门根据环境影响报告书或报告表内容批复要求进行环境监理的水利工程建设项目。

此外，一些在施时间较长，同时在施工期对环境造成较大污染或对生态产生严重破坏的工业类和生态类水利工程建设项目，也应开展环境监理工作。笔者建议以下水利工程建设项目应开展环境监理工作：

（1）工业类水利工程建设项目：化学原料加工工程、石化炼油工程、石油加工工程、水泥工程、医药化工工程、医药制造工程、食品加工工程、印染工程、纺织工程、电镀工程、造纸工业、化肥工业、冶金工业、酿造工业、橡胶工业和塑料工业项目等。

（2）生态类水利工程建设项目：火电工程、能源开发工程、交通工程、水利水电工程、矿产资源开发工程、农林开发工程、禽畜养殖工程、城市基础设施建设、旅游资源开发、输油输气管线建设、河道治理工程、港区建设以及环保设施工程水利工程建设项目等。

第三节　水利工程建设项目环境监理组织管理体系构建

水利工程建设项目环境监理组织管理体系是水利工程建设项目全过程环境监理体系的重要组成部分，也是水利工程建设项目施工期环境监理实施的组织基础和结构保障。

一、水利工程建设项目环境监理单位

（一）环境监理单位的资质与经营

水利工程建设项目环境监理单位一般是指以承担水利工程建设项目环境监理工作为主业，具有环境监理相关等级资质和法人资格的企业或组织。水利工程建设项目环境监理单位可以是专门从事水利工程建设项目环境监理工作的独立的企业单位，如水利工程建设项目环境监理公司、工程环境监理事务所等，也可以是具有环境监理资质的和法人资格的企业单位下设的专门从事环境监理工作的二级部门，如科研单位的工程环境监理办公室、环境监理部等。

水利工程建设项目环境监理单位的资质。监理资质是环境监理单位的技术能力、经验水平和规模信誉的保障。其中，环境监理的技术能力主要反映在环境监理单位监理水利工程建设项目的规模和复杂程度两方面的能力；环境监理的经验水平是指环境监理单位的环境监理水平，该水平是通过其实施环境监理后的整个水利工程建设项目在环境、生态与工程质量、进度与投资等方面成果综合体现的；规模信誉是指环境监理单位所能承担的水利工程建设项目规模及其信誉。由于目前我国环境监理尚处于起步阶段，尚未对环境监理单位执行资质管理。因此，本文提出环境监理单位资质要素，为我国环境监理资质管理提供参考。

环境监理单位资质管理要素主要包括以下 5 个方面：

①环境监理人员的素质和技术水平。

②环境监理人员专业配套水平。

③环境监理单位技术装备水平。

④环境监理单位企业管理水平。

⑤环境监理单位经验技术水平。

水利工程建设项目环境监理单位的经营范围：通过参考工程监理单位，水利工程建设项目环境监理单位作为一家企业经营的基本准则，可以定为"守法""诚信""科学"和"公正"。管理办法也可参照其他企业，重点抓好成本管理、质量管理和资金管理三个方面。水利工程建设项目环境监理单位的主要经营内容是为建设单位提供整个设计到试运行阶段的环境监理，目前我国环境监理单位的经营范围主要包括以下两方面内容：

1. 准备阶段

准备阶段环境监理单位需参加水利工程建设项目招标工作。我国水利工程建设项目招标工作主要由建设单位负责组织，有时也可由建设单位委托其他招标咨询公司代理，或委托环境监理单位参加水利工程建设项目招标工作。在招标投标阶段，环境监理单位应参与组织招标工作、编制相关文件、签订招标有关的合同；环境监理人员应熟悉国内外水利工程建设项目招标有关规定和程序，同时具备相关经济学、法律和技术等方面的知识。

2. 施工阶段

施工阶段环境监理单位应协助编写开工报告、审查施工单位的施工组织设计、技术方案等是否存在环境隐患并提出整改意见、协调各参建方之间的工作、监督工程环境安全防护措施是否到位、监督建设过程中环境指标是否达标、协助整合文件和技术档案资料、参与完成工程初步验收、撰写竣工验收报告和审查工程结算等。

（二）环境监理单位人员配置

目前环境监理单位从业人员配置情况，按照工作内容的差异可以分为专职型环境监理人员和兼职型环境监理人员。

（三）环境监理机构的组织形式

水利工程建设项目环境监理机构的组织形式是指水利工程建设项目环境监理机构针对不同水利工程建设项目特点、组织模式建设单位委托任务以及环境监理单位自身情况所具体采用的组织结构形式。目前，水利工程建设项目环境监理机构组织形式通常分为四种：直线式、职能式、直线职能结合式以及矩阵式组织形式。

1. 直线式

直线式环境监理组织形式可以分为横向结构和纵向结构两种形式，其最大特点是整个水利工程建设项目环境监理机构隶属关系十分明确，任何下级都能够接受唯一上级的指令，职责分明。当环境监理单位同时承担若干小规模水利工程建设项目，或承担水利工程建设项目可以划分为若干相对独立的子项目时，可以采用横向结构形式。由总监理工程师负责对各个分项目组进行统筹规划和指导，各分项目组负责人再分别独立控制分项目目标，现场环境监理工作则由各分项目内环境监理工程师指导专项环境监理组工作人员完成。

当承担的水利工程建设项目工期较长，各阶段工作相对独立时，可以采用纵向结构形式。将水利工程建设项目按照施工阶段划分成若干分项目组，再由总监理工程师对各阶段工作进行指挥和协调。总的来说，直线式环境监理组织形式具有结构简单、权力集中、决策迅速、职责分明、隶属关系明确等特点，但是对总监理工程师要求较高，需通晓各方面业务知识和专业技能。

2. 职能式

职能式环境监理组织形式是指水利工程建设项目环境监理工作由监理机构的各个职能部门联合承担，所有职能部门人员可以直接在本职能范围内指挥分项目组工作。

职能式组织形式主要适用于大、中型水利工程建设项目，具有较高的工作效率，能够充分发挥环境监理职能机构的作用，从而减轻总监理工程师的负担。但是职能式环境监理组织形式中项目组人员同时受到不同上级职能部门的管理，一旦各职能部门指令产生矛盾，会使项目组工作无所适从。

3. 直线职能结合式

直线职能结合式环境监理组织形式是将直线式与职能式两种组织形式结合起来产生的一种环境监理组织形式。在直线职能结合式环境监理组织形式中，同时存在直线式分项目组和职能部门。其中，分项目组可以直接对现场专项环境监理工作进行指挥和管理并承担相关责任；而职能部门只可对分项目组和现场专项监理工作进行监督和指导，不能直接发号施令。

直线职能式环境监理组织形式，同时具有直线式与职能式两种形式的优点，如上下级直线式指挥，全职分明以及专业化的目标管理；但是该种形式下决策速度较慢，职能部门与分项目指挥部之间易产生矛盾，不利于现场环境监理工作的开展。

4. 矩阵式

矩阵式环境监理组织形式将直线式和职能式两种组织形式结合在一起，由直线式分项目组构成矩阵横向，职能式系统构成矩阵纵向形成的矩阵型组织机构形式。

矩阵式环境监理组织形式的优点是横向可以加强监理机构各职能部门之间的联系，纵向可以使各分项目组相对独立管理，形成上下左右、集权分权的最优结合，非常利于复杂问题的解决和对环境监理人员工作能力的培养。但是，矩阵式形式下增加了职能部门和分项目组之间的协调工作，容易造成权责不清等问题。总的来说，以上四种环境监理组织形式基本涵盖了我国现阶段环境监理工作。在开展具体水利工程建设项目环境监理工作之前，环境监理单位应根据水利工程建设项目实际情况、环境监理资金储备以及监理人才层次水平选择合适的环境监理组织形式。

二、改进型双轨制环境监理模式及特点

现存的三种环境监理管理模式虽在降低水利工程建设项目对环境的影响中都发挥了重要的作用，但是还没有充分发挥环境监理自身应有的作用。首先，在独立式和包含式环境监理模式下，当水利工程建设项目的工程质量、施工进度与环境影响产生矛盾时，环境监理人员往往无法进行有效协调，导致环境监理一方被迫单方面妥协，为工程质量或施工进度作出让步。双轨制环境监理模式虽然同时具备独立式环境监理模式和包含式环境监理模式的优点，并在从业人员主观能动性发挥、监理责任制等方面具有一定优势，但由于由两个单位临时组成的联合体，易造成两个单位从各自的利益出发进行工程监理和环境监理，尤其在意见产生分歧时尤为突出，对项目的工程和环境质量造成重大影响。其次，现存环境监理公司大多缺乏专业的环境监测人员和环境监测仪器，开展环境监测工作时还需委托其他监测单位，增加监理过程中各单位之间的协调难度。因此，本文根据现阶段环境监理工作开展的实际情况，结合两种环境监理人员类型对双轨制环境监理模式进行改进，提出适宜水利项目的新型环境监理模式，即改进型双轨制环境监理模式。

在改进型双轨制环境监理模式下，形成了一种集工程监理、环境监理和环境监测于一体的全方位监理咨询公司（以下简称"新型监理公司"）。建设单位只需将水利工程建设项目的所有监理工作委托给新型监理公司，将所有施工工作发包给施工单位，并与政府环保部门对新型监理公司进行监督即可。新型监理公司的核心是环境和工程保障管理中心，主要由总监理工程师办公室、工程监理部门、

环境监理部门的环境监测部门构成。其中，工程监理部门、环境监理部门和环境监测部门分别直接负责水利工程建设项目的工程监理、环境监理和环境监测工作，当各部门之间工作产生交叉或意见出现分歧时，可分别直接上报给总监理工程师办公室，由总监理工程师办公室进行裁决和协调。总监理工程师办公室也可以行使建设单位权力，直接对施工单位下达整改指令。

第四节　水利工程建设项目环境监理操作内容体系构建

目前，我国尚未对环境监理具体工作内容和操作方法作出明确规定，各省环境监理单位都在根据实际环境监理试点项目对此加以探索。本章对现阶段环境监理具体工作内容和程序进行梳理，为环境监理操作规范化提供参考。

一、准备阶段环境监理

水利工程建设项目准备阶段，通常指施工单位、工程监理单位和环境监理单位真实开展水利工程建设项目施工前，环境监理单位进行人员调配、设备调试和材料安置的准备阶段。

（一）准备阶段环境监理工作内容

环境监理单位在准备阶段可以通过审查文件资料以及考察施工现场的方式开展环境监理工作。

（1）审查文件资料。保证设计文件、工程合同、招投标文件、以及施工组织方案设计中的环保措施完善可行。如存在问题，应及时指出，并提供合理改进建议。

（2）考察施工现场。通过现场实地考察，确定水利工程建设项目及其周边环境敏感点与环评报告书中指出的是否一致，了解当地水文、气候及地质情况，找出潜在的环境危害因素，为后续有针对性地开展环境监理工作奠定基础。

在准备阶段，环境监理工作重点应集中在以下方面：由于生态环境保护存在较强的专业性，设计单位往往对水利工程建设项目环保措施落实情况和生态恢复资金方面考虑欠佳，因此，环境监理人员应认真核对各项资料，审查投资预算，若发现问题及时上报，确保环保措施落实和环保资金就位。

主动与建设单位代表交流，明确建设单位对环境监理工作的定位，包括资金投入、监理工期、环保目标以及工作方式。在了解其意图的同时，设法与应达到的环境监理目标进行比较，尽量说服建设单位提高环境监理工作的深度和广度。总的来说，水利工程建设项目生态环境保护目标是通过施工单位来有效实现的，建设单位和环境监理单位只是起到一定的约束作用。因此，环境监理单位应当建立有效的环境保障体系，使施工单位能够自觉、主动地履行环保合同内容。针对环保意识薄弱的施工单位，环境监理单位应对其工作人员进行环保知识培训，并介绍相关环境监理工作程序和工作方法。现阶段，对于建设单位和施工单位来说，水利工程建设项目环境保护和生态恢复工作是生疏的。为了使水利工程建设项目环境监理工作充分开展，环境监理人员应在准备阶段对建设单位和施工单位相关工作人员进行环保知识培训，增强他们的环保意识。环境监理人员应在准备阶段严格审查工程开工报告中环保措施的落实，从源头上保证相关措施执行的可行性以及资金落实情况。建设单位往往对水利工程建设项目环境保护的工作范围、工作深度和可能存在的环境风险理解不足。因此，环境监理单位应结合环境风险指标、环境监理投资和管理等因素选择合适的环境监理模式。

（二）准备阶段环境监理工作程序

尽管环境影响评价报告中已经对水利工程建设项目施工过程中可能存在的环境影响及相关预防措施有所提及，但在实际建设中，往往由于设计变更、环评报告遗漏或地质、气候等其他原因导致环境敏感点发生变化，因此，环境监理机构应及时对水利工程建设项目中实际存在或潜在的环境敏感问题进行识别和分析，并提出相应解决办法或减缓措施。施工准备阶段，环境监理人员应按照合同规定的时间入驻施工现场，针对不同水利工程建设项目，建立具体工作组织体系和实施方案，并明确相应责任。在各级环境监理人员职责范围内，建立与建设单位和施工单位的联系渠道和工作程序。此外，环境监理人员在技术上应熟悉合同文件、设计文件、环评报告及批复、环境监理技术规范以及施工现场的工作环境。保证后续环境监理工作的有效开展。

二、施工阶段环境监理

不同类型的水利工程建设项目，会对生态环境造成不同的影响。水利工程建设项目施工阶段是环境监理工作的重中之重。项目建设绝大部分的环境影响和生态破坏，都是在施工阶段产生的。施工阶段的环境保护工作主要由施工单位人员完成，环境监理人员只起到从旁监督和协助管理的作用。

由于施工阶段，环境监理单位需要与建设单位、施工单位、设计单位、环境监测单位、工程监理单位以及政府环保部门密切接触、彼此协作，依照环境监理方案和实施细则认真开展环境监理工作，因此，施工阶段的环境监理工作具有接触单位众多，工作内容繁杂的特点。

（一）施工阶段环境监理工作内容

施工阶段环境监理工作方法包括识别环境影响因素、进行现场环境监测、对施工单位收取环境保证金和环境保留金、罚款、支付控制以及环境保险、旁站和巡查监理以及对环境监理情况及时作出书面总结。施工阶段环境监理工作内容主要包括环保工程建设监理和环保质量达标监理。环保工程建设监理主要指控制整个水利工程建设项目绿化、植被恢复和水土保持等各项环保工程建设的质量、进度和投资情况。环保质量达标监理主要指通过对主要污染因子的定期或不定期监测，控制水利工程建设项目废水、废气、扬尘、固废、噪声、景观破坏和水土流失等因素对水利工程建设项目及其周边环境的影响。其中，环境监理人员应重点关注以下内容：

（1）工程开挖、敷设、填埋和施工车辆作业对土壤环境的破坏和侵蚀。

（2）施工占地作业或清理农作物时对生物量和植被覆盖率的削弱。

（3）施工对水利工程建设项目周边生物、微生物群落及其生境地点的破坏。

（4）施工噪声对水利工程建设项目内部及周边人类和野生动物活动的干扰。

（5）施工对水利工程建设项目周边水源、水生生物活动及其生境的污染。

（6）施工阶段临时安置原住民时对新安置环境产生的影响。

施工阶段环境监理人员还需要在符合水利工程建设项目资金投入、施工质量和进度等条件的前提下，通过落实环保配套工程设备和装置、环境监测手段、环评报告书及相关批复文件中要求采用的生态保护办法保证水利工程建设项目环境污染的防范、生态影响方案和环保设施资金的落实。此外，为了减轻环境监理人员的负担，提高全社会环境保护意识，环境监理单位也可让公众参与进来，为环境保护贡献力量。良好的公众参与能够减轻环境监理人员的工作负担，有利于施工单位对环保措施的落实，也能够增强全社会的环保意识，促进环境监理工作的深入开展。

（二）施工阶段环境监理工作程序

水利工程建设项目施工阶段是环境监理工作完全开展的工作阶段，施工阶段的环境监理工作是紧紧围绕工程施工进度进行的。在实际工作中，环境监理单位需要与建设单位、施工单位、设计单位、工程监理单位以及政府环保部门密切接触、彼此协作，依照环境监理方案和实施细则认真开展环境监理工作。

三、验收试运行阶段环境监理

就目前而言，环境监理工作一般在水利工程建设项目竣工交付后即可停止。而许多水利工程建设项目在验收试运行阶段，依然存在许多环境隐患，如汽车尾气、路面二次扬尘、交通噪声等。为了减少验收试运行阶段的环境问题，同样应开展水利工程建设项目环境监理工作。

监理手段方面，为了保证竣工后的水利工程建设项目符合既定环保标准的规定和保证建设过程中受到破坏或污染的环境要素得到有效的修复，环境监测力度增大。工作内容方面，环境监理单位与设计单位、施工单位的交流减少，工作重点放在环境监理信息总结和评价方面。

（一）验收试运行阶段环境监理工作内容

在这一阶段，环境监理单位应重点关注水利工程建设项目永久占地后造成的生态结构和系统功能的变化，包括项目建成后对土壤环境改善和植被修复两方面：

（1）土壤环境改善。试运营期间对环境的突然破坏形式主要为废水、固废的随意排放。环境监理人员应加强土壤环境指标的监测，控制生活垃圾、工业重金属、污水等对土壤造成的侵蚀。

（2）植被修复。在施工阶段，往往会破坏或去除影响施工工作的植被；发生事故时，泄漏的废油、废气也会对建设范围内部及周边的植被产生不良影响。因此，在试运行阶段，环境监理单位应注重对地表植被带复原。

（二）验收试运行阶段环境监理工作程序

验收试运行阶段，环境监理人员的主要工作是参与建设单位组织的环境保护初步验收工作、政府环保部门组织的环保工程竣工验收工作以及上交环境监理相关竣工报告等文件资料。

第五节　水利建设项目环境监理体系的应用研究

一、项目概况

（一）项目的建设背景

本研究以福建省永定县堵树坪水库工程为依托，全面、系统地研究了建设项目环境监理体系，建立了一套比较完整的环境监理体系，使环境监理向规范化又迈进了一步。抚市镇是永定县主要烟叶产区，烟草种植是当地农民的主要收入来源。由于抚市镇缺少有调蓄能力的水利工程，灌溉保证率低，抚市镇近几年的烤烟种植面积大幅下降，严重影响了农民的收入。抚市镇地处矿区，用水量大，河流水质受到不同程度的污染，村镇居民饮水安全受到较大威胁。各村现有蓄水池在水量、水质方面均不能满足农村居民生活用水要求。为缓解烟田灌溉保证率低及居民安全饮水问题，抚市镇正在开展水源工程建设，开发任务是灌溉及供水。抚市镇水源工程保证灌溉面积 4 003 亩，设计供水人口 22 900 人，将对缓解抚市镇的用水矛盾发挥巨大作用，但抚市镇总耕地面积 18 439 亩，总人口数 30 310 人，仍有大量耕地及人口的用水问题未得到有效解决，区内用水矛盾依然突出，亟待新的水利工程来解决。福建省永定县堵树坪水库工程位于永定县抚市镇基安村，坝址位于抚溪左岸主要支流东埔溪。项目由永定县抚市镇水源工程建设工程部投资建设，总投资额 9 656.16 万元，占地面积 120 400 平方米。堵树坪水库工程包括水库枢纽工程及灌区引水工程，其中水库枢纽工程主要建筑物由混凝土重力坝挡水坝段、溢流坝段、右岸坝段取水底孔及引水渠等建筑物组成；水库下游灌区分为6个片区，采用管道供水，管道全长15 000米，沿途设分水阀进行灌溉或供水。项目建成后，90%保证率的年可供水量为285.3万立方米，可以保证3 585亩耕地的灌溉用水，并解决5 822人的饮水问题，对增加农民收入、提高人民的生活水平具有巨大作用。《福建省烟区水源工程建设规划（2011—2020年）》规划了240个水库工程、56处灌区改造工程，福建省发改委以闽发改农业〔2012〕1 354号文作了批复，原则同意该规划提出的建设范围、目标、布局和建设任务。其中，堵树坪水库规划总库容为102万立方米。项目为水利管理业项目，水库设计总库容161.6万立方米，项目于2014年9月9日取得了龙岩市水利局关于可研的批复意见，于2014年9月24日取得了永定县住房和城乡规划建设局颁发的《建设项目选址意见书》，确认项目选址符合永定县城乡规划要求。本工程开工至完工，总工期为24个月，从2015年4月施工准备至2017年3月工程完工。

（二）建设项目条件

福建省永定县堵树坪水库工程位于永定县抚市镇基安村，坝址位于抚溪左岸主要支流东埔溪。工程枢纽由拦河砌石重力坝、分层取水进水口及灌溉系统等组成。工程位于山区，所在河道不具备通航条件，对外交通运输只能依靠陆路交通。工程区附近已有S203、S606省道及X606县道，其中从工程区至基安村已有村道连接，经村道及X606县道可从基安村至抚市镇，距离约16.0千米，通过S606省道可从抚市镇抵达永定县县城，距离约26千米，工程区陆路交通较好。本工程需改建基安村与大坝之间防汛公路，连接现有通村公路和坝顶道路，并延伸至大坝右岸的上游管理房，总长度约2千米。

二、环境质量状况

（一）地表水环境质量状况

从环境监测站得到的检测数据分析可知，2013年和2014年两次在东埔溪拟建水库坝址上游100米处断面水质各项检测因子均符合《地表水环境质量标准》（GB 3838—2002）Ⅲ类标准。堵树坪水库将作为当地烟农饮用水源，根据水样检测结果，监测断面 2 次监测结果的总大肠杆菌群均不符合《生活饮用水卫生标准》（GB 5749—2006）的要求，其余检测项均达标。由于此水不是直接饮用，需经过水厂处理达标后才能够达到饮用水功能要求，所以总体水质基本符合要求。项目所在地表水为抚市溪支流东埔溪，未划定水环境功能。根据《龙岩市地表水环境功能区划定方案》，抚市溪为 III 类水，属渔业用水、农业用水区。项目地表水拟按照其上游水体功能定位，即东埔溪水环境功能为 III 类水，执行《地表水环境质量标准》（GB 3838—2002）III 类标准。因此，地表水环境质量满足要求。

（二）大气环境质量状况

根据龙岩市环境保护局发布的《2013 年龙岩市环境状况公报》可知，"永定、长汀、上杭、武平、连城县城空气环境质量均保持或优于国家二级标准"。从区域调查情况来看，项目区域没有大气污染型企业，其周边主要为山坡地、林地，区域大气环境质量较好，大气环境基本未受污染。因此，项目所在区域空气质量达到或优于空气环境质量二级标准。

（三）声环境质量状况

本项目位于乡村区域，声环境属于 I 类区，执行《声环境质量标准》（GB 3096—2008）I 类标准要求。根据环境监测站于 2014 年 8 月 20 —21 日两日对对本项目坝址处、水库工程施工区附近的堵树坪、施工道路经过的基安村等地的噪声现状进行了监测，由连续监测数据分析可知，项目区声环境昼间和夜间现状值均能达到《声环境质量标准》（GB 3096—2008）I 类标准要求，项目区声环境质量良好。

（四）生态环境质量状况

（1）永定县生态功能区划。在《福建省生态功能区划》基础上，《永定县生态功能区划》将永定县生态功能区细分为 11 个生态功能小区。

（2）植物资源。项目位于抚市镇，根据福建植被的区划，工程所在区域属于典型的地带性植被，是中亚热带常绿阔叶林和南亚热带季雨林，项目不涉及自然保护区。

（五）环境保护目标

主要的环境保护目标是：

（1）水环境：保护本项目建设所在河流抚市溪支流东埔溪水质满足《地表水环境质量标准》（GB 3838—2002）Ⅲ类标准及《生活饮用水卫生标准》（GB 5749—2006）要求。

（2）地下水：库区、输水隧洞沿线及灌区管道影响区域地下水。

（3）大气环境：项目对大气环境的影响主要集中在施工期，大气环境保护目标为施工临时生活区、施工场地周围 200 米范围、施工运输道路及灌溉管道沿线 200 米范围的村庄。

（4）声环境：声环境影响主要为施工期，项目大坝距离堵树坪约 1.2 千米，基安村约 1.8 千米，项目施工道路和灌溉干渠经基安村、溪联村和华丰村。

（5）生态环境：水生生态保护目标主要为库区及下游河道内水生生物，长期以来，当地村民未在项目水域发现保护鱼类，陆生生物保护目标主要为料场、弃渣场建设、灌溉管网铺设及新建上坝公路 4.4 千米影响区域、库区淹没区植被，项目影响区域也未发现保护植物。

三、组织管理体系构建

根据改进型双轨制环境监理模式制定本项目组织体系详见图 5-1。

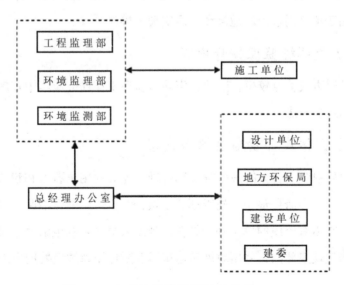

图 5-1　本项目环境监理组织体系

本项目由新型监理公司负责，包括工程监理、环境监理及环境监测。有利于环境监理部门与环境监测部门的信息传递。

四、环境监理操作内容

（一）大气环境监理操作内容

环境监理工程师根据实际情况在全线设置大气环境敏感点，对主导下风向布设监测点位，每测点连续采样 7 天。根据《环境空气质量标准》（GB 3095—1996）的规定确定 NO_2 每天 24 小时，保证 18 小时有效数据；TSP、CO、NO_2 测小时平均浓度，每天监测 4 次（北京时间：02：00~03：00、08：00~09：00、14：00~15：00、20：00~21：00），每次 1 小时。监测的同时详细记录风速、大气温度、空气中的相对湿度、大气压强和风向及监测周围环境状况。运输过程中监管运输密闭性，土料运输需加湿或加盖毡布。骨料不能露天堆放，需加湿或用布遮挡。爆破前对岩石进行洒水，爆破后马上洒水喷雾。

（二）水环境监理操作内容

根据施工过程设置不同的任务。混凝土拌合废水、坑基废水及砂石料冲洗废水需在过程中监测沉淀池出水需达到《污水综合排放标准》（GB 8978—1996）一级排放标准后排入东埔溪，主要监测因子为 ss。施工期生活污水需经三级化粪池处理后用于项目周边山坡地浇灌，需实现零排放。

（三）声环境监理操作内容

因项目周边敏感点较少，因此，声环境监理工作任务应集中在施工过程中进出车辆的沿线噪声影响。

（四）固体废弃物监理操作内容

施工过程中对土石方的规范管理和处理，充分利用土石方和建筑垃圾，尽量使产生的弃土、弃渣量最小。施工期施工机械维修产生的含油废物等危险废物单独存储，并交由有资质的单位外运处置。施工人员产生的生活垃圾应定点集中收集，依托当地环卫部门，并用垃圾转运车运至附近城镇垃圾处理场进行处理。

五、项目环境监理保障体系

（一）公众参与保障

1.调查对象。在公众参与调查过程中咨询的主要对象包括：

（1）项目影响区内的学校、福利院、卫生所等单位。

（2）沿线直接或间接受影响的群众，主要是征地、拆迁、再安置户和拟建公路两侧的居民以及其他一些未受项目直接影响的当地群众。

2.调查方式。公众参与调查的方式包括问卷调查（个人和单位）、群众座谈会、个人专访、张贴布告等多种形式。

（二）行政监理保障

政府部门及环保、林业、水利、国土资源局等相关部门进行个人专访及意见调查。其中调查了对修建该水库的态度，库区是否涉及保护区问题，库区与周边城镇规划及其他规划的关系，库区征地及取土对土地资源的影响及水源地等敏感问题。同时在监管过程中严格执行国家及地方相应的标准。

（三）企业监管保障

制定监理企业监管制度体系，将相关责权落实到人，确定环境监理职责如下：

（1）认真贯彻执行国家、福建省和龙岩市颁布的有关环境保护法律、法规和标准，协助主管主任协调区域开发活动与环境保护活动。

（2）企业制定区域的环境管理体系、规划和方针；制定区域环境管理目标、指标和环境管理方案。

（3）监督与实施区域环境管理方案；负责制定和建立区域内有关环境保护制度与政策；负责区域的环境统计、污染源建档等工作。

（4）督促工业区新引进项目，老企业的改扩建或产品的变化进行环境影响评价；鼓励各企业建立 ISO14001 环境管理体系。

（5）协助区环境监测站做好常规环境监测工作。

（6）负责监督区域内环保公建设施的运行、维修，确保其正常稳定运行。

本文以水利工程建设项目全程环境监理理念为指导，对现阶段水利工程建设项目特点进行分析，从环境监理组织管理、操作内容、信息与风险管理以及保障管理五大方面构建了水利工程建设项目全过程环境监理体系。得出以下结论和研究成果：

（1）提出了水利工程建设项目全过程环境监理有关概念，按照水利工程建设项目类型将环境监理工作划分为工业类和生态类水利工程建设项目环境监理，并对两类环境监理各自特点进行分析，提出需要开展环境监理工作的工业类和生态类水利工程建设项目。

（2）在环境监理组织管理体系构建方面，首先对环境监理单位资质要素、经营管理方式、人员配置形式以及组织结构形式进行总结，建议现阶段环境监理单位采用专–兼职结合型环境监理人员分配方式开展环境监理工作，并根据不同水利工程建设项目特点、组织模式、建设单位委托任务以及环境监理单位自身情况选择合适的组织结构形式。之后为环境监理机构内部以及环境监理单位与其他参建单位之间组织协调提出可行办法；最后通过对现阶段独立式、结合式以及双轨制环境监理管理模式的比较和分析，提出新型环境监理管理模式——"改进型双轨制环境监理模式"并分析其特点。

（3）在环境监理操作内容体系构建方面，提出准备阶段、施工阶段和验收试运营阶段水利工程建设项目环境监理的工作方法、工作内容以及工作程序。准备阶段环境监理工作的主要内容为审查文件资料和考察施工现场，工作重点应放在提高建设单位和其他参建单位人员的环保意识；施工阶段环境监理工作内容主要包括对环保工程建设和环保质量达标进行监理，工作重点为控制施工过程中的生态环境破坏；验收试运行阶段，环境监理的主要工作是对整个监理过程进行总结，此外，环境监理单位还应重点关注项目建成后对土壤环境改善和对施工阶段破坏的植被进行修复。

（4）从环境监理和实施保障两个角度，在法律、经济、技术、行政、企业和公众参与六大方面构建了水利工程建设项目环境监理保障体系。在法律保障方面，对我国现有环境监理法律法规进行总结并建议在国家环境保护相关法律法规中增设环境监理部分条款、制定环境监理方向单行法。在经济保障方面，总结了现阶段环境监理经济保障手段，并建议政府环保部门加大环境监理资金投入。在技术保障方面，建议更新环保措施和环保设备，建立环境监测与信息管理系统。

在行政保障方面，建议大力宣传环境监理机制，提高全社会对环境监理的认识以及加强环境监理单位资质的管理。在企业保障方面，建议环境监理单位增强企业活力，加强综合监理人才的培养，完善激励与考核机制。在公众参与方面，建议通过政府部门协助监督、公众参与工程监督、公众参与舆论监督和公众自觉监督四方面开展水利工程建设项目环境监理公众参与工作。

（5）将本文提出的环境监理体系运用到福建省永定县堵树坪水库工程中，遵照本文提出的体系进行分析并总结经验。

第六章　水利工程建设管理系统设计与实现

第一节　建设项目管理系统的研究现状

天津市已建立了一系列规范化管理程序文件。但是，将这些管理文件通过计算机进行统一的信息化管理在目前还是一项空白。随着工程建设任务、日常办公业务量的迅猛增加，水利建设管理工作逐渐出现以下几个问题：一是办公效率低。日常的公文审批需要经过几个环节。现有的公文流转还停留在手工阶段，通过不同人员传递给不同的科室，由相关人员手写签字。不仅增加了公文流转时间，加大了工作人员的劳动强度，而且降低了工作效率。二是自动化程度低。各种申请、审批、备案手续还采用手工方式，工程质量、进度、资金情况的上报也需要由分布在全市不同地区的人员到相关部门上报，自动化程度不高。三是数据共享程度低。由于没有数据的电子存储，使相关人员的数据查询非常不便，无法及时了解到已处理公文或已完工程的各类信息，也无法知道正在处理的公文或在建、待批工程的相关进度和处理情况。四是实时性差。无法及时了解最新的水利新闻、政策法规、办事指南、技术标准等信息，对于监理单位、施工单位等市场主体资信及个人的情况变动，都无法及时掌握。五是缺乏统一的数据管理。由于各类公文、工程信息均采用手工方式完成，数据缺乏统一的集中管理，给原始数据的积累，统一查询造成不便，不能及时、准确地为领导提供决策。

2011 年，我国出台了《中共中央国务院关于加快水利改革发展的决定》，这是中央首次对水利改革发展进行全面的系统的部署，提出新时期的水利改革发展的目标和水利管理信息化的具体要求。当前，信息化是现代化社会不断改革的大趋势，是世界各国经济发展的基础设施。国家的信息化水平是一个国家综合实力、竞争力和现代化的重要标志之一，是继国内生产总值之后，又一个反映国家综合实力的重要指标。水利信息化作为水利现代化的基础和前提，是解决水资源短缺、水污染和水土流失等一系列问题的重要保障。要实现水利现代化目标，就必须使用现代通信、强化信息化建设，开发利用水利工程建设和管理信息，实现水利信息网络化与智能化，提高水利管理和工程运行的信息化水平，实现各方面资源共享，提高水利事业效能，以信息化推动水利现代化的实现。在国际上，Primavera Project Planner 是美国 Primavera 公司的产品，现在是项目管理行业的标准。它提供各种类别的资源平衡技术，能够模拟出实际在资源消耗方面的曲线和延时；它能够支持工程中每个部门相互通过互联网实现信息交换，实现实时控制和了解工程进度。它适用于很多类型的工程建设项目，不仅应用于大型复杂的项目，还并行管理两个以上的工程。它能够支持 ODBC，并与应用程序进行数据交换。

在国内，管理信息系统发展主要有四个阶段。第一阶段是 20 世纪 80 年代初，以计算机为中心的时代，使用者共用中央处理器和数据存储设备。第二阶段是 20 世纪 80 年代中期，以中央服务器为中心的资源共享模式，使计算机通过局域网互联。第三阶段是 20 世纪 90 年代初期，主要是客户端和服务器模式。第四阶段是以网络为中心的计算机模式，通过软件系统联结客户端与服务器，实现管理信息系统模式。发展到现阶段，管理信息系统（MIS）主要包括：辅助决策系统、办公自动化系统、工业控制系统和数据库、方法库、模型库等以及相关接口。管理信息系统既是技术系统，又是社会系统。它有信息需求、信息采集和加工、管理信息。在管理信息系统发展到高级阶段，系统能够根据现有数据为决策者提供决策支持。我国三峡工程管理信息系统（TGPMS）是与加拿大 AMI 公司合作开发的工程项目管理系统。它包括工程设计管理、文档质量管理、合同管理、财务与会计管理、进度管理等 13 个子系统。能够支持建设管理各项业务并提供决策。当前水利工程建设程序分为八个阶段：项目建议书、可行性研究报告、初步设计、施工准备（包括招标设计）、建设实施、生产准备、竣工验收、后评价。其中，施工准备阶段包括：项目法人审批、报建备案、施工图审查、质量监督办理、安全生产监督备案、开工报告审批。建设实施阶段包括：进度控制、资金管理、质量与安全生产管理、重大设计变更、质量安全问题处理、工程大事记、法人验收管理等。此次设计和实现的建设管理系统，就是在施工准备阶段和建设实施阶段应用。

第二节　水利工程建设项目管理系统需求分析

一、天津市水利工程建设管理概况

近年来，特别是中央水利工作会议后，天津市推进水利工作步伐明显加快。"十二五"期间，天津市实施了十大重点水利工程。包括：南水北调、独流减河、永定新河、潮白新河、蓟运河等河道治理工程。实施了 10 项农村水利专项工程，解决了 42 万人的饮水安全问题。建设了蓄水设施 3 180 座，将再生水回用于农业、生态，新增水源 3.5 亿立方米。新建、改造节水灌溉面积 180 万亩。改造了农村国有扬水站 128 座。将 173 条 (段)、1 329 千米河渠清淤一遍。维修改造了 1 500 座农用桥、闸、涵。新建了农村生活排水、污水处理工程 136 项，大大改善了农民的生活环境。随着水利工程建设任务的增加，建设管理工作不断加强。2004 年，天津市以政府令的形式在全国率先出台了水利工程建设领域的第一部地方性法规——《天津市水利工程建设管理办法》。"十一五"期间，先后出台了《天津市水利工程建设程序管理规定》等 10 个配套规定，对项目法人管理、招标投标管理、质量管理、档案验收、工程稽察等多方面进行了行业规范。逐项对项目审批中项目法人组建、工程报建和开工审批等 10 个环节进行认真梳理，将重点审批事项纳入天津市行政许可大厅。

"十二五"期间，天津市积极组织推动专业项目法人建设，各区均成立了常设项目法人机构。目前，天津市水务局共认定常设项目法人 15 家。为提高项目法人建设管理水平，主管部门加强了项目法人培训交流，组织开展了互查互看，开展项目法人技术比武，实现了项目法人持证上岗率100%的管理目标。"十二五"期间，天津市水务局把推动水利市场诚信体系建设作为一项重点工作来抓。按照 AAA、AA、A、B、C "三等五级"对监理单位和施工单位进行信用等级评价。

印发了《天津市水利建设市场主体信用信息管理暂行办法》，印发了《天津市水利工程建设施工和监理企业信用评价指标与评分标准》《天津市水利工程建设市场施工和监理企业不良行为管理暂行办法》，制定了不良行为记录采集工作流程，通过工程稽查、通报、网上查询等渠道收集监理和施工单位不良信用信息。积极探索将设计、质量检测、招标代理、咨询、供货等市场主体纳入诚信体系评价范围，目前已初步建立了设计单位评价标准，并对13家设计单位进行了调研和评价。

2013年，天津市水利建设项目信息公开和诚信体系建设管理信息系统通过竣工验收并正式投入使用。目前，已有46家施工和监理企业通过系统报送了信用信息。"十二五"期间，天津市水务局组织完成了2011、2013、2014年度"九河杯"评审工作，累计评选出"九河杯"优质工程20项，并将评优工作纳入信用等级评价，强化了参建单位的质量安全意识。组织开展了2013和2014年度优秀施工项目部和监理部评优，充分发挥了激励示范作用，引导水务建设市场健康发展。成立了三个服务小组，深入东丽、西青等10个区走访调研，对项目法人工作落实情况进行督促检查，对存在的项目管理相对分散、经费来源不统一、项目管理不规范、工程验收相对滞后等问题进行帮扶指导。结合服务态度专项整治活动，编印了基建处办事指南，印发了《首问负责制度》《一次性告知制度》《限时办结制度》等7个规章制度。编写完成了《基建项目规范实用手册》，成为建设单位实际操作的工具书。

二、水利工程建设项目管理特点

我国的水利工作基本是围绕着水利工程建设而开展的，先后建设完成了许多大型水利工程，为防洪、抗旱、水资源利用等发挥了巨大作用。水利工程建设项目具有投资大、工期紧、战线长的特点。水利工程多为公益性项目，多使用中央或市财政性资金。国家、水利部和天津市对水利工程建设项目的审批环节要求严格。当前水利工程建设程序分为八个阶段：项目建议书、可行性研究报告、初步设计、施工准备（包括招标设计）、建设实施、生产准备、竣工验收、后评价。天津市水利工程建设管理系统实施对施工准备和建设实施阶段的监督管理，包括从项目法人组建到竣工验收申请共12个环节。这些都是不同于建筑工程建设之处。

三、管理系统需求分析

天津市水利工程建设项目的施工准备和建设实施阶段包括项目法人审批、报建备案、施工图审查、质量监督办理、安全生产监督备案、开工报告审批、进度控制、资金管理、质量与安全生产管理、重大设计变更、质量安全问题处理、工程大事记、法人验收管理等。对能够实现在线审批的环节，从主管部门和项目法人两个层面进行梳理，制定了业务流程图、数据流程图和系统流程图。

（一）远程申报的功能需求

（1）工程数据申报。项目法人等远程用户可以通过此模块申报各种工程建设项目的数据，包括：项目法人的组建或明确；建设项目的远程报建申请；施工图的报审；质量监督申请；安全生产的备案申请；开工报告的申请；每周的项目进度情况上报；基建财务月报表上报；质量与安全生产情况上报；重大设计变更；项目竣工验收申请等。

由系统管理员对远程用户进行统一的用户管理、权限分配和邮箱创建。没有保存在主体资信库中的项目法人，在申报数据通过审核后，应将项目法人的相关信息保存到主体资信库中，便于以后对该项目法人的业绩进行考核、查询等。

（2）主体资信数据上报。项目法人、施工企业、监理单位等水利工程建设的相关单位可以通过此模块录入本单位的资质情况、业绩情况、奖惩情况、技术能力和施工能力情况以及财务能力情况等信息。核心数据库系统会保留这些数据，以便在将来拟建的水利工程项目中对这些相关单位进行综合评价、筛选等。

（3）人员资格数据上报。造价工程师、监理工程师、总监理工程师、监理员等水利工程建设的相关人员可以通过此模块录入资质证书情况、岗位证书情况等数据，核心数据库系统会保存这些数据，以便在工程完成时或拟建工程时对这些人员进行综合考核等。

（4）法规与标准。远程用户通过此模块可以查询到有关水利工程建设过程中的各项政策法规、行业规范与标准等信息，要保证这些文件的真实性、实效性。

（5）办事指南。远程用户通过此模块可以及时、准确地查询有关水利工程从初步设计批复到竣工的整个过程中，每个步骤的操作指南、需要的文件资料等信息。

（6）造价相关文件。远程用户通过此模块可以及时、准确地查询有关工程造价方面的各类文件资料。

（7）执法稽察。项目法人可以将在建工程的自查情况上报给稽察单位，并接收稽察单位的整改通知，将整改结果反馈给稽察单位。

（8）系统管理。为使用人员分配用户名、密码和操作权限；每个登录用户都可以修改自己的密码；可以查看用户登录系统的时间，以及执行等情况。

（9）邮件系统。远程用户通过该模块可以收发自己的邮件。基建处将上级单位下发的各种文件资料等通过邮件系统传递给远程用户。

（二）在线审核的功能需求

为保证远程用户上报的数据是有效的，避免恶意的攻击，增强系统安全性，需要在应用服务器上实现另一个功能，由具有专门权限的人对远程用户上报的数据进行审核，审核通过后将数据转入数据库中，等待审批。

（1）工程数据审核。对项目法人等远程用户通过远程申报的工程有关数据进行审核，包括：新组建的项目法人数据审核；建设项目的远程报建数据审核；报审的施工图数据审核；质量监督数据审核；申请的安全生产监督数据审核；申请的开工报告数据审核；每周上报的项目进度数据审核；基建财务月报表数据审核；上报的质量与安全生产数据审核；上报的重大设计变更请求数据审核；项目竣工验收数据审核。

（2）主体资信数据审核。对项目法人、施工企业、监理单位等水利工程建设的相关单位通过远程上报本单位的资质情况、业绩情况、奖惩情况、技术能力和施工能力情况以及财务能力情况等数据进行有效性审核。

（3）人员资格数据审核。对造价工程师、监理工程师、总监理工程师、监理员等水利工程建设的相关人员通过远程上报的资质证书情况、岗位证书情况等数据进行有效性审核。

（4）执法稽察。对项目法人远程上报的工程自查情况和整改结果进行有效性审核。

（三）数据处理的功能需求

该功能实现审批人员对远程用户申报的各类文件进行审批。

（1）项目信息的录入与审批。相关人员在此模块中可以审批项目法人等远程用户通过远程上报来的各种数据和文件，将待审批文件转入审批流程，通过文件流转由工作人员完成审批，并将审批结果发送给远程用户；对于主体资信库中没有的项目法人，还可以将其数据保存到主体资信库中，用于以后对其的业绩考核；通过此模块还可以查看项目进度、质量、资金使用情况，还可以记录各类重大设计变更等信息。包括：项目法人审批；报建备案；施工图审查；质量监督办理；安全生产监督备案；开工报告审批；进度控制；资金管理；质量与安全生产管理；重大设计变更；质量安全问题处理；工程大事记；竣工验收管理；项目资料归档。

（2）档案管理。对于已完工水利工程，将电子文档和纸质文档自动归档，便于查询和借阅。

（3）主体资信管理。在此模块中可以查看到项目法人、施工企业、监理单位等水利工程建设的相关单位通过远程上报的各类资信数据，还可以对这些数据进行管理工作，便于对这些单位进行资格考核，作为衡量其工作业绩和技术能力的标准。

（4）人员资格管理。在此模块中可以查看到造价工程师、监理工程师、监理员等水利工程建设的相关人员通过远程上报的各类资质数据，还可以对这些数据进行管理工作，便于对这些个人进行能力考核，作为衡量其工作业绩和技术能力的标准。

（5）法规与标准。在此模块能实现将各种政策法规和行业规范等录入和查询，并将信息传输到系统，使工作人员能够通过局域网查询相关政策资料。

（6）造价信息。全面管理水利工程建设中相关的设备价格信息、材料价格信息、定额指标信息、工程造价资料信息等，为今后工程建设的造价按实物量计算打下基础。对工程造价文件实施管理，并且传输到系统，使工作人员能够通过局域网查询造价信息。

（7）执法稽察。全面管理水利工程建设过程中的各类事件、稽察信息等。

（8）办事指南。对有关水利工程从初步设计批复到竣工的整个过程中，每个审批环节的操作文件实施管理，并传输到系统，使工作人员便于查询。

（9）技术交流平台。为工作人员搭建技术交流平台，工作人员可以发布信息，并实现实时在线交流。

（10）系统管理。具有相关权限的人员可以从此模块设置菜单项，为系统的功能扩充、修改提供一个开放的接口；系统管理员还可以在此设置用户的登录名、密码和使用权限等；可以从此设置文件审批的工作流与模板；设置每个用户的邮箱容量大小；可以查看使用人员的登录时间、使用情况等信息。

第三节　天津市水利工程建设项目管理系统整体设计

一、技术路线

（一）三层结构体系的选择

为克服两层体系结构的缺点，满足当前大规模分布式应用及远程访问的要求，逐步发展了基于 Web 的三层体系结构。在三层体系结构中，应用系统从逻辑上被分为表示层、业务逻辑层和数据逻辑层。天津市水利建设管理系统就是采用三层体系结构的系统。

（二）三层结构体系的优势

三层体系结构的优势有四个方面：一是减少了客户端的处理工作量，从而节省了开支。二是实现了业务逻辑层的代码开发的公用性，节省了系统开发的时间。三是便于后期维护。用户业务功能的改变可以在逻辑层实现，并于后期维护。四是增强扩展性。同时为多个用户提供各种服务，还能复制服务，满足更多用户的需求。

（三）表示层

主要是天津市水利建设管理信息系统的用户接口部分，是用户与系统间交互信息的窗口。它的主要功能是检查用户输入的数据，显示系统输出的数据。在一定程度上允许对数据进行编辑，如果表示层需要修改时，只需改写显示控制和数据校验程序，而不影响其他两层。检查的内容也只限于数据格式和取值范围，不包括有关业务本身的处理逻辑。简单的表示层可以完全由 Html 页面组成，要实现更为复杂的功能，需要通过动态 Html 脚本代码和 Javascript 等其他编程语言创建应用程序调用在业务逻辑层的业务组件。

（四）业务逻辑层

业务逻辑层是天津市水利工程建设管理信息系统的主体部分，包括业务处理程序、数据处理、相关规则。数据的处理、分析功能都在该层。用户检索数据时，可以要求传送业务层，经处理后，检索结果也传送表示层。

（五）数据逻辑层

数据逻辑层访问是天津市水利建设管理信息系统的数据来源中心，本系统中的所有数据都存储在该数据层，它用单位的程序代码实现，封装了基本数据的存储细节，为业务逻辑层提供透明的数据访问，接受业务逻辑层提出的请求，并对其进行处理，将获得的数据及时反馈给表示层，使用户能够及时地收到更新的数据信息。

二、设计思路

天津市水利工程建设管理系统根据功能划分主要包括三个子系统：远程用户申报子系统、上报数据审核子系统、水利工程建设管理的核心子系统（以上三个子系统分别简称为远程子系统、审核子系统、核心子系统）。它们总体的建设目标是为了实现远程用户可以随时随地登录，实时接收上级下发文件、查询各类法规标准；而上级主管单位可以在自己的办公室就能随时进行工程项目的审批、了解项目的建设进展情况、对项目建设进行决策。该系统的建设不仅可以提高工程建设管理的效率，而且规范化并简化了工程建设管理的流程，达到建设高效、科学的水利工程建设管理信息系统的目的。

（一）总体框架

该系统由核心子系统、审核子系统和远程子系统组成应用层，由网络硬件平台、应用系统平台和开发平台组成系统中间层，网络硬件与通信硬件系统组成硬件层。

（二）应用层

应用层由核心子系统、审核子系统和远程子系统组成。项目法人等远程用户通过远程子系统可以远程申请各类工程项目的审批工作、上报项目建设过程中的各种数据；审核子系统通过对这些上报数据的审查，将有效数据从远程数据库中转移到核心数据库中；核心子系统由相关人员对远程用户的申请进行在线审批，并将审批结果发送给项目法人等远程用户。三个子系统分别承担着不同的工作，相互协作，完成水利工程从项目法人报建开始到竣工后验收、工程资料归档的工程建设管理整个过程，保障业务的顺利进行，为管理者的查询、决策提供最快、最准的信息。

（三）网络支持

网络支持平台层包括网络操作系统以及各类网络传输协议，主要负责：将网络通信层上需要交付的数据在各点进行正确传输；为应用支撑平台、各应用系统提供运行环境，解释转换应用请求，操作控制网络硬件。除此之外，本层还完成支持信息交换、数据资源访问、系统管理和应用任务调度、Web 应用服务器的管理、数据库服务管理、中间件管理等多项功能。

（四）应用支撑

应用支撑平台层负责各类信息的海量存储与高效访问，并向系统提供数据访问和信息处理服务。应用集成支撑服务可以为应用软件层提供集成服务，能够屏蔽硬件与网络平台之间产生的异构性，实现无缝整合。

（五）应用开发

使用网络支持平台和应用支撑平台，可利用多种开发工具完成应用系统的开发、调试和部署，并最终发布、维护应用系统。作为应用开发平台，本层提供了应用开发所需的框架和支撑服务、集成机制、可伸缩的配置和功能。构成合理的应用开发平台能够缩短应用系统的开发周期，节约应用开发成本，减少系统初期的建设成本，简化应用集成，降低应用开发的诸多风险，并减少系统建成后的运行维护费用，也能够保证技术进步的连续性，最大限度地保护水利工程建设管理信息系统的投资。

（六）网络通信及计算机设备层

网络通信及计算机设备层由高速数据网络、计算机主机和与其相关的各种外部设备组成。网络通信部分为信息系统提供了一个多种业务接入的综合性通信网络交换平台，是整个系统进行数据通信的公共基础设施；计算机设备部分则是为信息系统提供数据存储、计算、分析、输出的基础设施。

（七）数据和系统的集中管理

虽然本系统包括三个子系统，而且分别存储在两个应用服务器中，但各子系统之间从业务到数据都保持着密不可分的关联，为了保证系统和数据的完整性，必须对系统和数据进行统一、有效、严格的集中管理。

（八）工作流管理模型

工作流管理模型在工程项目管理系统中的体系结构如下：

（1）过程建模工具。这个工具其实就是把日常工作中实际的业务用计算机语言表达出来，表达的方式是采用形式化的语言来定义出计算机可识别的模型，用来描述信息在用户与管理员之间的业务传递过程。

（2）工作流执行服务。工作流执行服务是通过（多个或一个）工作流引擎来解释系统的过程定义，管理中的核心是工作流引擎。

（3）工作流控制数据。工作流控制数据的含义就是工作流引擎数据中流程实例的状态信息。

（4）工作流相关数据。工作流相关数据是指与业务过程相关的数据。任务调度策略是工作流管理系统的核心，原因是工作流引擎是工作流管理的灵魂，任务调度策略是工作流引擎的灵魂。不同的工作流管理系统的任务调度策略通常是不一样的，本系统采用的是 Petri 网的调度算法。

三、系统划分

（一）核心子系统的总体框架

核心子系统将涵盖天津市水利工程项目的项目法人组建等各个阶段的审批工作，并掌握项目进展情况。利用现代化的信息管理手段，优化、规范化建设管理，实现信息的高度共享。同时还包括各类法规标准、主体资信及人员资格管理、执法稽察、档案管理、工程项目查询等多个模块的建设。

（二）远程子系统的总体框架

为确保内网系统的安全性，该子系统被存放于前置服务器中，该服务器无法访问到内网系统。该子系统采用 B/S 模式开发，项目法人等人员、机构通过远程拨号登录到该服务器的子系统，可以进行建设项目报建、项目建设过程中的进度、质量、资金数据上报；资质、资格申报，业绩报告、奖惩情况报告、技术能力报告、施工能力报告、财务能力报告等信息的填写。填写后的数据存储在前置服务器的数据库，等待内网应用服务器中的审核子系统读取。该子系统还接收主管部门审批后的结果，以便项目法人随时查询。同时，在该子系统中还可以查询政策法规、行业规范、办事指南、新闻等各类信息。

（三）审核子系统的总体框架

为确保系统的安全性和数据的有效性，采用审核子系统提取存放在远程子系统的数据，进行数据有效性校验，并将审核通过的数据发送到核心子系统的数据库中。

四、安全体系

（一）安全策略

安全策略是在特定环境中，保证安全保护应该遵守的规则。系统软件平台中包括的远程用户较多，对应用系统的安全威胁较大。可以综合采用电子签章、防病毒技术，以及对各种应用服务的安全性配置服务来保障应用系统的安全。

（二）安全技术

（1）防火墙。为提高网络系统整体效率和吞吐量，可以采用硬件防火墙。防火墙应具有以下功能：具有网络安全性，内容过滤、防病毒、包过滤、防御攻击、NAT、网络适应性、VLAN、DHCP、安全管理、监控、带宽管理。

（2）操作系统安全要求。操作系统要选择可靠和安全的平台，要保证访问控制安全。

（3）电子签章。系统中需要使用印章进行文件审批的时候，可以使用电子签章。这样可以使文件逐步实行电子化保存、浏览，是实行无纸化办公的重要一步，也是信息时代所有社会经济活动中不可缺少的一项基础设备。电子签章是由IC卡、IC卡读写器和支持各种应用软件组成。IC卡用于存放单位或个人数字证书及做签名运算；IC卡读写器用于IC卡和计算机相连；软件用于完成不同环境下的电子签署。IC卡的插拔由程序自动监测，卡中的数字证书不会残留在内存或硬盘中。

（三）安全管理

技术不能解决所有问题，必须遵循安全管理原则，建立合理有效的安全管理制度并组织培训。

（1）操作系统安全管理。操作系统可能存在安全漏洞和安全隐患。要严格制定安全措施，并做好防范安全隐患的准备。

（2）防病毒。病毒对于系统威胁很大。防病毒工作可以采取分布式杀毒和集中式管理来加强。

（3）日志管理。系统要有日志功能，保证操作的有据可查。日志内容包括时间、操作者、操作内容，操作前后变化等记录。

（4）数据安全。数据安全考虑的是数据的存储、访问控制、备份和恢复方面的内容。

五、采用的开发工具

系统可以用 ASP.NET、Javascript 作为程序语言，以 VisualStudio.net 等开发工具。客户端采用互联网浏览器，操作方便。

第四节　天津市水利工程建设项目管理系统数据库设计

一、数据库设计步骤

数据库设计分为需求分析阶段、概念结构设计阶段、逻辑结构设计阶段、数据库物理设计阶段、数据库实施阶段、数据库运行和维护阶段。需求分析阶段：需求收集和分析，得到数据字典和数据流图。概念结构设计阶段：对用户需求的综合、归纳与抽象，形成概念模型，用 E-R 图表示。逻辑结构设计阶段：将概念结构转换为某个 DBMS 所支持的数据模型。数据库物理设计阶段：为逻辑数据模型选取一个最适合应用环境的物理结构。数据库实施阶段：建立数据库，编制与调试应用程序，组织数据入库，程序试运行。数据库运行和维护阶段：对数据库系统进行评价、调整与修改。数据库逻辑结构是独立于任何一种数据模型的，在实际应用中，一般所用的数据库环境已经给定（如 SQLServer 或 Oracle 或 MySql）。由于目前使用的数据库基本上都是关系数据库，因此，首先需要将 E-R 图转换为关系模型，然后根据具体 DBMS 的特点和限制转换为特定的 DBMS 支持下的数据模型，最后进行优化。设计步骤：

①将概念结构转换为一般的关系、网状、层次模型。

②将转换来的关系、网状、层次模型向特定 DBMS 支持下的数据模型转换；

③对数据模型进行优化。

二、数据库范式的应用

数据库的设计范式是数据库设计所需要满足的规范，满足这些规范的数据库是简洁的、结构明晰的，同时，不会发生插入（insert）、删除（delete）和更新（update）操作异常。反之则是乱七八糟，不仅给数据库的编程人员制造麻烦，而且面目可憎，可能存储了冗余信息。

目前关系数据库有六种范式：第一范式（1NF）、第二范式（2NF）、第三范式（3NF）、巴斯 – 科德范式（BCNF）、第四范式(4NF)和第五范式（5NF，又称完美范式）。满足最低要求的范式是第一范式（1NF）。在第一范式的基础上进一步满足更多规范要求的称为第二范式（2NF），其余范式以此类推。

第一范式（1NF）：是指在关系模型中，对域添加的一个规范要求，所有的域都应该是原子性的，即数据库表的每一列都是不可分割的原子数据项，而不能是集合、数组、记录等非原子数据项。即实体中的某个属性有多个值时，必须拆分为不同的属性。在符合第一范式（1NF）表中的每个域值只能是实体的一个属性或一个属性的一部分。简言之，第一范式就是无重复的域。在任何一个关系数据库中，第一范式（1NF）是对关系模式的设计基本要求，一般设计中都必须满足第一范式（1NF）。不过有些关系模型中突破了1NF的限制，这种称为非1NF的关系模型。换句话说，是否必须满足1NF的最低要求，主要依赖于所使用的关系模型。

第二范式（2NF）：在1NF的基础上，非码属性必须完全依赖于码在1NF基础上消除非主属性对主码的部分函数依赖。第二范式（2NF）是在第一范式（1NF）的基础上建立起来的，即满足第二范式（2NF）必须先满足第一范式（1NF）。第二范式（2NF）要求数据库表中的每个实例或记录必须可以被唯一地区分。选取一个能区分每个实体的属性或属性组，作为实体的唯一标识。例如，在员工表中的身份证号码即可实现每个员工的区分，该身份证号码即为候选键，任何一个候选键都可以被选作主键。在找不到候选键时，可额外增加属性以实现区分，如果在员工关系中，没有对其身份证号进行存储，而姓名可能会在数据库运行的某个时间重复，无法区分出实体时，设计如ID等不重复的编号以实现区分，被添加的编号或ID选作主键（该主键的添加是在ER设计时添加，不是建库时随意添加）。

第二范式（2NF）要求实体的属性完全依赖于主关键字。所谓完全依赖，是指不能存在仅依赖主关键字一部分的属性，如果存在，那么这个属性和主关键字的这一部分应该分离出来形成一个新的实体，新实体与原实体之间是一对多的关系。为实现区分通常需要为表加上一个列，以存储各个实例的唯一标识。

简言之，第二范式（2NF）就是在第一范式（1NF）的基础上属性完全依赖主键。第三范式（3NF）：在第一范式（1NF）的基础上，任何非主属性不依赖于其他非主属性在第二范式（2NF）的基础上消除传递依赖。第三范式（3NF）是第二范式（2NF）的一个子集，即满足第三范式（3NF）必须满足第二范式（2NF）。简言之，第三范式（3NF）要求一个关系中不包含已在其他关系已包含的非主关键字信息。例如，存在一个部门信息表，其中每个部门有部门编号（dept_id）、部门名称、部门简介等信息。那么，在员工信息表中列出部门编号后就不能再将部门名称、部门简介等与部门有关的信息加入员工信息表中。如果不存在部门信息表，则根据第三范式（3NF）也应该构建它，否则就会有大量的数据冗余。简言之，第三范式（3NF）就是属性不依赖于其他非主属性，也就是在满足第二范式（2NF）的基础上，任何非主属性不得传递依赖主属性。巴斯–科德范式（BCNF）：在第一范式（1NF）的基础上，任何非主属性不能对主键子集依赖在第三范式（3NF）的基础上消除对主码子集的依赖。

巴斯–科德范式（BCNF）是第三范式（3NF）的一个子集，即满足巴斯–科德范式（BCNF）必须满足第三范式（3NF）。通常情况下，巴斯–科德范式（BCNF）被认为没有新的设计规范加入，只是对第二范式（2NF）与第三范式（3NF）中设计规范要求更强，因而被认为是修正第三范式，也就是说，它事实上是对第三范式（3NF）的修正，使数据库冗余度更小。这也是 BCNF 不被称为第四范式的原因。某些书上，根据范式要求的递增性将其称为第四范式是不规范的，也是让人不容易理解的。而真正的第四范式，则是在设计规范中添加了对多值及依赖的要求。

对于巴斯–科德范式（BCNF），在主码的任何一个真子集都不能取决于非主属性。关系中 U 主码，若 U 中的任何一个真子集 X 都不能取决于非主属性 Y，则该设计规范属性 BCNF。例如，在关系 R 中，U 为主码，A 属性是主码中的一个属性，若存在 A 从属于 Y，Y 为非主属性，则该关系不属性 BCNF。

三、逻辑结构设计

根据 E–R 图和相关要求，把 E–R 模型图转换为关系表，进行数据模型转换，系统用到五个基本表：用户表、项目信息表、项目目录信息表、工作进程表、项目成员表。将 E–R 图转换成关系模型，关系的主码用横线标识用户表（用户 ID，用户名，上次活动时间）项目信息表（项目名称，项目描述，项目创建日期，项目无效性，预计持续时间，预计完成时间，项目创建者 ID，项目经理 ID）。

外码：项目创建者 ID 和项目经理 ID 均参考用户表的用户 ID。

项目目录信息表（项目目录 ID，目录名称，项目 ID，父目录 ID，目录名称简写，预计持续时间）。

外码：项目 ID 参考项目信息表的项目 ID。

工作进程表（工作进程 ID，工作进程创建时间，完成工时，工作进程描述，项目目录 ID，工程进程记录日期，工程进程创建者 ID，工程进程所属用户 ID）。

外码：项目目录 ID 参考项目目录信息表的项目目录 ID，工程进程创建者 ID 和工程进程所属用户 ID 均参考用户表的用户 ID。

项目成员表（用户 ID，项目 ID）。

外码：用户 ID 参考用户表的用户 ID，项目 ID 参考项目信息表的项目 ID。

四、数据间关系（E-R 图）

E-R 方法是"实体－联系方法"的简称。它是描述现实世界概念结构模型的有效方法。是表示概念模型的一种方式，用矩形表示实体型，矩形框内写明实体名；用椭圆表示实体的属性，并用无向边将其与相应的实体型连接起来；用菱形表示实体型之间的联系，在菱形框内写明联系名，并用无向边分别与有关实体型连接起来，同时在无向边旁标上联系的类型（$1:1,1:n$ 或 $m:n$）。

在 ER 图中有如下四个成分：矩形框：表示实体，在框中记入实体名。菱形框：表示联系，在框中记入联系名。椭圆形框：表示实体或联系的属性，将属性名记入框中。对于主属性名，则在其名称下加一条划线。

连线：实体与属性之间；实体与联系之间；联系与属性之间用直线相连，并在直线上标注联系的类型。对于一对一联系，要在两个实体连线方向各写 1；对于一对多联系，要在一的一方写 1，多的一方写 N；对于多对多关系，则在两个实体连线方向各写 N,M。

构成 E-R 图的基本要素是实体型、属性和联系，其表示方法为：实体型 (entity)：具有相同属性的实体具有相同的特征和性质，用实体名及其属性名集合来抽象和刻画同类实体；在 E-R 图中用矩形表示，矩形框内写明实体名；如果是弱实体的话，在矩形外面再套实线矩形。

属性 (attribute)：实体所具有的某一特性，一个实体可由若干个属性来刻画。在 E-R 图中用椭圆形表示，并用无向边将其与相应的实体连接起来。如果是多值属性的话，在椭圆形外面再套实线椭圆。如果是派生属性则用虚线椭圆表示。联系 (relationship)：联系也称关系，信息世界中反映实体内部或实体之间的联系。实体内部的联系通常是指组成实体的各属性之间的联系；实体之间的联系通常是指不同实体集之间的联系。在 E-R 图中用菱形表示，菱形框内写明联系名，并用无向边分别与有关实体连接起来，同时在无向边旁标上联系的类型（1:1，1:n 或 m:n）。如果是弱实体的联系则在菱形外面再套菱形。

联系可分为以下 3 种类型：

（1）一对一联系（1:1）。

（2）一对多联系（1:N）。

（3）多对多联系（M:N）。

第五节　天津市水利工程建设项目管理系统详细设计的实现

一、框架结构

该系统部署在天津市水务基建管理处中心机房。在详细设计阶段，系统的三个子系统，其相互关系如图 6-1 所示。

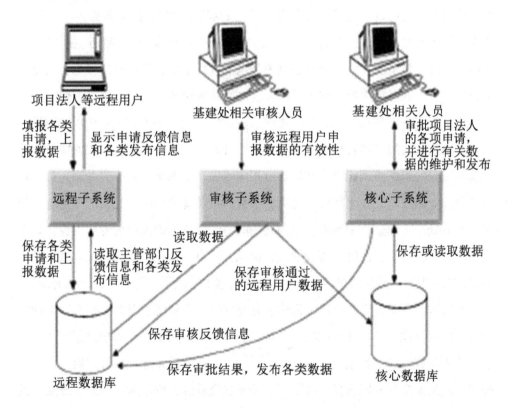

图 6-1　框架结构图

二、功能及性能

（一）核心子系统的详细功能

该子系统既是用户和系统的主要接口，又是系统的管理者。该子系统能够实现信息的高度共享、提高工作效率，减少系统的维护费用。其包含的审批程序都需要按照流程自动流转实现。

首页介绍。作为核心子系统的门户，首先要提供最新、最快的消息快讯显示，以及工程建设管理快讯，同时显示实时发布的公告信息；并且提供所有模块的栏目链接；从此还可以使用工具箱，进入个人邮件系统、修改登录密码等操作；该页面提供了将来与招标投标站的接口，以便将招标投标的相关信息显示于此；信息提示栏目会实时更新显示登录者是否有需要审批或已经批复的文件、最新邮件等。

项目信息录入与审批。项目法人审批。对项目法人远程提交的初设批准文件、投资计划下达文件以及项目法人组建情况（包括相应的项目法人名称、办公地址、法定代表人和技术负责人姓名、年龄、文化程度、专业技术职称、简历、机构设置、职能、管理人员情况、主要规章制度等信息）进行审批，该审批过程是自动流转审批的过程，通过审批后，将项目法人批准文件发送到远程子系统中，使项目法人可以远程查看。项目法人有如下要求：法定代表人应熟悉有关水利工程建设的方针、政策和法规，具有组织水利工程建设管理的经历，有比较丰富的建设管理经验和较强的组织协调能力，并参加过相应培训。技术负责人应为专职人员，具有水利专业高级以上技术职称，有比较丰富的技术管理经验和扎实的专业理论知识，具有处理工程建设中重大技术问题的能力。财务负责人应为专职人员，熟悉有关水利工程建设经济财务管理的政策法规，具有专业技术职称和相应的从业资格，有比较丰富的经济财务管理经验，具有处理工程建设中财务审计问题的能力。

人员结构合理，应有满足工程建设需要的技术、经济、财务、招标、合同管理等方面的管理人员，具有相应专业技术职称和从业资格，并参加过相应培训。项目法人应有适应工程建设需要的组织机构，一般应设置综合、计划财务、工程技术、质量安全和专职项目部等部门，并建立完善的工程质量、安全、进度、投资、合同、档案、信息管理等方面的规章制度。

报建备案。在初步设计已获批准、投资计划已下达、项目法人实体已组建或明确、办理有关土地使用权的单位已落实后，项目法人应当按规定向基建处办理报建备案。项目法人需提交初步设计批准文件、项目法人组建或明确批准文件、投资计划下达文件、项目管理实施方案等。这些文件通过数据库中记录的相关链接都可以找到，基建处收到《天津市水利工程建设项目报建备案表》后 5 个工作日内，予以备案。并将备案结果发送到远程子系统，供相关的项目法人进行远程查看。

施工图审查。工程开工前，项目法人委托水行政主管部门认可的有相应资质的咨询机构进行施工图技术审查，并出具《施工图技术审查意见书》。施工图设计文件审查时，项目法人应向审查机构提供下列资料：初步设计文件及批准文件；工程地质报告；施工图设计阶段计算书目录及涉及主体工程和基础结构强度、安全稳定的计算书；施工图设计图纸（一式三份）；与施工图设计文件有关的其他资料。

审查机构对施工图设计文件进行审查后，应当向项目法人出具施工图设计文件审查报告，审查报告应当有项目主审人及各专业的审查人员签字，审查报告和施工图设计文件均应加盖审查机构施工图设计文件审查专用章。项目法人应当向审查机构支付施工图设计文件审查费用。施工图设计文件审查中发现问题的，审查机构应向项目法人出具审查意见，书面说明原因，并将施工图设计文件退回项目法人。项目法人应当要求原勘测设计单位进行修改，并将修改后的施工图设计文件报原审查机构审查。

技术审查结束，项目法人应当将施工图审查材料报送基建处。材料包括：初设文件和批准文件、勘察设计单位资质证书、工程勘察设计合同、施工图设计阶段详勘报告、《施工图技术审查意见书》。基建处自受理申请之日起 7 个工作日内，完成审查工作。对审查合格的，出具《水利建设工程施工图设计文件许可通知书》。该审查过程是自动流转审批的过程，通过审查后，将通知书自动发送到远程子系统，供相关的项目法人进行远程查看。

质量监督办理。项目法人在开工前，到市水利建设工程质量监督中心站（以下简称监督中心站）办理质量监督手续。项目法人需提交工程建设项目初设批准文件、投资计划下达文件、施工组织设计和施工图纸、参建单位的基本情况和工程质量管理组织情况，这些文件和数据都可以通过网上填写或从数据库中找到相应的文件。监督中心站审查合格后，签发《天津市水利工程建设质量监督书》，并将质量监督书发送到远程子系统，供相关的项目法人进行远程查看。

安全生产监督备案。项目法人在开工前，到监督中心站办理安全生产监督备案手续。项目法人需提交保证工程安全生产的措施方案、工程安全施工的技术措施情况、施工单位安全生产管理机构及相关安全生产管理人员的证件（复印件）。监督中心站收到《天津市水利工程建设安全生产监督备案表》后，予以备案。并将备案结果发送到远程子系统，供相关的项目法人进行远程查看。

开工报告审批。项目法人填写《天津市水利工程建设项目开工报告申请表》，到基建处办理开工报告申请审批手续。申请资料包括项目法人组建或明确的批准文件、可研及初设的批准文件、投资计划下达文件、水利工程建设项目报建备案表、施工图设计文件许可通知书、勘察合同、设计合同、施工合同、监理合同、招标计划书和招标投标总结报告、水利工程质量监督书、水利工程建设安全生产监督备案表。基建处自收到开工报告申请之日起 15 个工作日内，对符合条件的，向项目法人签发《天津市水利工程建设项目开工通知书》。该开工通知书发送到远程子系统，供相关的项目法人进行远程查看。

进度控制。项目法人要按照批准的设计文件组织工程建设，勘察设计、施工、监理、材料和设备采购单位认真履行合同。项目法人按合同和进度拨款，并接受上级各有关单位的监督检查。项目法人每周四下午通过远程登录，向项目主管部门报送《水利工程建设项目进度表》。基建处具有相关权限的人可以审查该数据的有效性，并提交核心数据库保存，用于将来的进度报表产生及项目进度情况查询。市水利局计划处的人员通过水利局广域网连接到基建处核心子系统，可以查看项目进度情况，并下载相应的查询结果报表《水利重点工程建设进度周报表》。

资金管理。项目法人根据工程投资计划、合同和工程进度拨款，并接受主管部门的监督检查。项目法人于每月月末 5 日内向项目主管部门报送基建财务月报表，基建处具有相关权限的人可以审查该数据的有效性，并提交核心数据库保存，用于对项目资金使用情况的查询。

质量与安全生产管理。监督中心站按制订的质量与安全生产监督计划，对工程实施监督。落实参建单位质量与安全生产检查机构和人员，建立健全质量与安全生产检查体系，监督检查技术规程、规范和质量与安全标准的执行情况。阶段验收和单位工程验收应有监督中心站的工程质量评价意见。水利工程进行竣工验收时，必须有监督中心站的质量等级核定意见。重大设计变更。具有不同权限的人可以记录或查询某个或所有项目的重大设计变更记录、相关审批文件等。

质量安全问题处理。具有不同权限的人可以记录或查询某个或所有项目的质量安全问题处理记录、相关审批文件、会议纪要等。①工程大事记。具有不同权限的人可以记录或查询各种工程大事记。②竣工验收管理。工程完工且具备验收条件后，项目法人要按照相关规定及时组织验收。竣工验收应在全部工程完建3个月内进行。

在验收前，项目法人要向财政部门提交竣工决算报告，并开展竣工决算审计。验收工作要严格按照《水利水电建设工程验收规程》（SL 223—1999）和《堤防工程质量评定与验收规程》（SL 239—1999）等有关规定执行。竣工验收成果为竣工验收鉴定书。项目法人在竣工验收合格之日起15日内将建设工程竣工验收报告报基建处备案。项目资料归档。项目竣工验收后，进行项目资料归档，并在计算机系统中标识该项目已经归档完成。

工程项目查询。在建工程综合查询。可以按照电子存储的各种信息（例如，项目法人、施工单位、监理单位、监督单位、各种建设内容、初设和计划批复文件、质量与安全生产情况等信息），进行多条件组合，查询出条件范围内不同在建工程的各种相关建设管理信息。

已完工程综合查询。可以按照电子存储的各种信息（例如，项目法人、施工单位、监理单位、监督单位、主要建设内容、初设和计划批复文件、质量与安全生产情况、验收情况等信息），进行多条件组合，查询出条件范围内不同已完工程的各种相关建设管理信息。

在建工程分类统计。分别按照某个具体的建设管理内容进行分组统计，同时还可以输入多个限定条件，统计出全部在建工程的某类分组信息（例如，工程质量、项目进度、项目法人、监理单位等分组信息）。

已完工程分类统计。分别按照某个具体的建设管理内容进行分组统计，同时还可以输入多个限定条件，统计出全部已完工程的某类分组信息（例如，工程优良率、安全事故率等）。

年度工程汇总表。通过以上录入的各类数据产生《年度水利工程建设管理情况汇总表》，具有相应权限的人方可查询。

年度工程进度周报。通过以上录入的各类数据产生《年度水利重点工程建设进度周报表》，具有相应权限的人方可查询。

工程基建财务月报。通过以上录入的各类数据产生《水利工程基建财务月报表》，具有相应权限的人方可查询。

档案管理。项目法人负责将从项目立项到工程竣工验收全过程直接形成的文字、图纸、图表、声像、磁盘、光盘等各种形式的原始记录归纳整理，组织成工程档案，档案管理部门有关人员进行检查，检查无误后编号归档。同时将与该工程相关的各种电子数据统一进行归档存储，并与存储的纸质资料统一编号，方便以后的查询、借阅。

主体资信管理。实现对包括项目法人、施工企业、监理单位、勘察设计单位、造价咨询单位、招标代理机构等水利工程建设项目主体的资信的信息化管理工作。为各建设主体提供远程资质申报、年检申请及信息发布等功能；使得基建处对各建设主体实行资质审批、资质年检、业绩、奖惩、能力等综合管理的计算机网络信息化管理，作为考核这些实体单位的能力、业绩的依据。同时将文明工程、优质工程等各种奖励情况进行统一管理，并与数据库中已经存在的工程、主体相关联，同时将这些获奖情况进行发布，使远程用户亦可查询。

人员资格管理。实现对包括造价工程师、造价员、总监理工程师、监理工程师、监理员、质量监督员等人员资格的信息化管理工作。为各人员提供远程资格申报、年检申请等功能。作为考核水利工程相关人员的业绩和技术能力等的依据。

综合信息。实现对包括领导讲话、专题报道、市局信息、区县信息、相关部门信息、国内外水利信息、其他信息（包括公告、通知等）等各类公开信息进行编辑、发布，同时发送给远程子系统，使使用该系统的人员（包括项目法人等远程用户）可以了解到最新、最快的新闻报道、公告信息等。

技术交流平台。实现对新技术新产品、科研信息、科研项目、专题论文、专业学会等相关科技信息进行编辑、发布，同时开通网上实时交流平台。

系统管理。

（1）邮箱容量设置。系统管理员可以在此设置每个用户可使用的邮箱最大容量，以充分利用服务器的硬盘空间，避免因邮件过多时造成硬盘容量紧张而使服务器瘫痪等危险。

（2）公共通讯簿设置。系统管理员可以建立公共通讯簿，任何使用该子系统的人都可以使用公共通讯簿。

（3）菜单管理。可以灵活设置系统中的菜单项，为子系统以后的功能扩充与修改提供方便。

（4）组织机构查询。任何人都可以在此查询各组织机构的相关信息以人员信息等。

用户权限管理。系统管理员可以在此对使用该子系统的用户设定用户名、口令以及对不同模块的访问或维护权限。

工作流与模板设计。可以根据不同工作的审批流程定义相应的工作流，并定义相应的表单模板，当填写该工作的申请报告时，可以自动调用表单模板，并自动提交相应流程的下个节点等待处理。

日志管理。对于一些关键操作，如数据审核等需要记录哪个时间由谁进行了何操作，系统管理员可以在此查看工作日志，当系统出现问题或数据出现问题时，该日志可以第一时间提供排错的依据。

字典库管理。对于一些常用的选项，如人员的学历包括大学本科、大专等选项数据统一进行管理，方便以后的修改、选择。

法规与标准。具有该模块维护权限的人员可以录入、修改各类法规文件，这些信息保存到核心数据库的同时，还发送到远程子系统的数据库中，以保证远程用户可以实时查看到最新、最快的政策、标准。①政策法规。提供包括综合管理、前期工作、项目管理、质量管理、招标投标、建设监理、造价合同、财务与审计、执法稽察、其他法规等相关政策法规的编辑、发布、查询等操作。②行业规范与标准。提供包括工程测量相关规范、工程设计相关规范、工程施工相关规范、项目管理相关规范、工程相关标准等相关行业规范与标准的编辑、发布、查询等操作。

造价信息。提供水利建设方面相关设备、材料等的市场价格、定额信息，并有相关造价信息的资料的编辑、发布、查询等操作。这些信息在保存到核心数据库的同时，还发送到远程子系统的数据库中，以保证远程用户可以实时查看到最新、最快的造价信息。

执法稽察。按规定，由稽察单位向项目法人下达稽察通知。稽察工作一般分自查和抽查两阶段。自查工作由项目法人负责，并向稽察单位上报自查报告。稽察单位根据各项目自查情况确定重点抽查项目，采取查阅资料和现场检查相结合的方式进行检查。针对稽察中发现的问题，下达整改通知，项目法人在规定期限内将整改结果反馈到稽察单位。该模块提供包括水政执法、工程稽察等相关信息的编辑、发布、查询等操作，同时这些稽察信息还会与数据库中保存的已完工程或在建工程相关联。

办事指南。按照水利工程建设程序，主要展示天津市水利建设工程从初步设计批复后到工程后评价每个环节的办事程序、所具备的条件和办事方法的信息的编辑、发布、查询等操作。这些信息保存到核心数据库的同时，还发送到远程子系统的数据库中，以保证远程用户可以实时查看到最新、最快的办事指南信息。

邮件系统。实现电子邮件的接收、发送以及通讯录的设置。在邮件系统的首页，自动显示该操作员最新收到的未读邮件及邮箱使用容量比例。用户可以打开、撰写、回复、转发、删除电子邮件。支持纯文本和 Html 邮件格式。提供个人地址簿管理，可建立和维护个人通讯录，建立和维护群组。邮件可以发送到个人、群组。未发送的邮件可以保存到草稿箱中。邮件可上载多个附件。邮件列表可按各种方式排序，方便用户查找。删除的邮件进入"已删除邮件"箱，用户可恢复、彻底删除或清空。用户邮箱达到限定容量之前，自动提醒用户。

（二）远程子系统的详细功能

首页介绍。作为远程子系统的门户，需要将最新、最快的消息快讯，以及工程建设管理快讯和各类公告信息呈现在项目法人等远程用户的面前，使他们可以随时了解到最新的建设资讯；在该页面中还要提供所有模块的栏目链接；从该页面还可以进入个人邮件系统、修改登录密码等操作；信息提示栏目会实时更新显示登录者报批的文件的审批情况和最新邮件等。

工程数据申报。项目法人通过远程拨号访问前置服务器的 Web 网页，同时根据项目的不同阶段填写相应的数据，提交给远程子系统，等待审核子系统的校验和核心子系统的审批。这些数据包括：项目法人的组建或明确，建设项目报建备案，施工图的报审，质量监督申请，安全生产监督备案，开工报告申请，项目建设过程中的进度、资金、质量数据上报、重大设计变更、竣工验收申请等。

主体资信数据上报。项目法人等水利工程相关的单位可以通过远程连接填报自己的资质、业绩、奖惩情况、技术能力、施工能力、财务能力等信息上报基建处，基建处审核后将这些数据作为考核单位技术能力的依据。

人员资格数据上报。监理工程师等水利工程相关的个人可以通过远程连接填报自己的资质、岗位、业绩情况等信息发送到远程子系统，由审核子系统对数据的有效性进行审核，审核通过的数据存入核心数据库中，将这些数据作为考核个人业绩和技术能力的依据。

系统管理。由系统管理员对使用该子系统的用户设置用户名、密码、使用权限等；设置用户使用的公共通讯簿、每个用户的邮箱容量大小；查询什么时间什么人登录该子系统完成了何种操作等日志信息；同时对具有保存期限的数据进行定时整理。

法规与标准。项目法人等远程用户登录该远程子系统后，从此模块可以查询到各类政策法规、行业标准等文件信息，这些信息的维护都在核心子系统中完成，由核心子系统将这些数据同步发送到该远程子系统，保证远程用户可以实时查询到最新、最快的资讯。

办事指南。项目法人等远程用户登录该远程子系统后，从此模块可以查询到天津市水利工程建设从初步设计批复后到工程结束后评价每个环节的办事程序、所具备的条件和办事方法等的信息。

造价相关文件。项目法人等远程用户登录该远程子系统后，从此模块可以查询到水利建设方面相关设备、材料等的造价相关文件。

执法稽察。项目法人向稽察单位提交自查工作报告，并接收稽察单位下达的整改通知。项目法人在收到整改通知后的规定期限内，须向稽察单位反馈整改结果。

邮件系统。远程用户可以从该模块中收发自己的邮件并设置个人地址簿。在邮件系统的首页，自动显示该用户最新收到的未读邮件及邮箱使用容量比例。用户可以打开、撰写、回复、转发、删除电子邮件。支持纯文本和 HTML 邮件格式。提供地址簿管理，可建立和维护个人通讯录，建立和维护群组。邮件可以发送到个人、群组。未发送的邮件可以保存到草稿箱中。邮件可上载多个附件。邮件列表可按各种方式排序，方便用户查找。删除的邮件进入"已删除邮件"箱，用户可恢复、彻底删除或清空。用户邮箱达到限定容量之前，自动提醒用户。

（三）审核子系统的详细功能

工程数据审核。对项目法人等远程用户通过远程子系统上报的各类数据进行审查，有效数据存入核心数据库中，无效数据要有提示信息，并反馈给远程用户。待审核的数据包括：项目法人的组建，建设项目报建备案，施工图报审，质量监督申请，安全生产监督备案，开工报告申请，项目建设过程中的进度、资金、质量数据，重大设计变更，竣工验收申请等。

主体资信数据审核。对项目法人等水利工程相关的建设主体通过远程填报的资质、业绩、奖惩情况、技术能力、施工能力、财务能力等信息进行审查，将有效数据存入核心数据库中，无效数据要有提示信息，并反馈给远程用户。人员资格数据审核：对监理工程师等水利工程相关的个人通过远程连接填报的资质、岗位、业绩情况等信息进行审核，将有效数据存入核心数据库中，无效数据要有提示信息，并反馈给远程用户。

执法稽察。对项目法人远程提交的自查报告、反馈的整改结果进行审核，将有效数据存入核心数据库中，无效数据则将提示信息反馈给项目法人。

（四）工作流引擎设计

在工作流引擎中，主要包括 action、step、status、result 四个元素，这四个元素的中文名字分别为动作、步骤、状态以及结果，在工作流引擎中通过其内部的实例管理器、状态管理器、动作管理器和步骤管理器共同来调节这四个元素之间的关系。

在建造模型的过程中，工作流执行服务的软件会执行生成的工作流模型，通常情况下，都是在创建实例后对其控制。在对工作进行初始化、调度以及监控操作时，工作流的执行能力才会被体现出来，在整个执行过程中，有时候需要专业的工作人员参与其中，并完成应用软件与工作人员的人机交互。可以说，工作流执行服务实现了在小定义的范围内与真实世界中人员的相互连接，通过工作流执行服务软件来实现。这个过程中最重要的功能都是由工作引擎所提供的，下面将对本系统中的工作流实例进行描述，这些实例分别为工作流实例管理器、动作管理器，步骤管理器及状态管理器。

（1）工作流实例管理器：如同字面意思是对工作流实例进行管理，主要工作流程包括工作流初始化、工作流调度和监控，在推进后续流程的同时，也会对工作流实例管理器所做的相应工作、数据状态和步骤进行专项记录。

（2）动作管理器：该管理器实现的条件必须是在异构的系统环境当中。当动作管理器接收到相关的流程信息时，工作流实例管理器将被动作管理器所调用。

（3）状态管理器：对工作流引擎工作时产生的新数据进行数据库修改工作。

（4）步骤管理器：负责对工作流中所实行的步骤进行维护。

三、系统功能的实现

（一）系统功能

建管系统根据使用用户的不同，分为远程访问子系统和核心管理子系统。远程访问子系统的使用者主要为分布在全市各地区的项目法人、施工企业、监理单位等远程用户；核心子系统的使用者包括基建处所有人员和水利局中水利工程管理的上级主管部门。根据每位用户的权限不同，可使用的系统功能也不同。

登录页面。显示最新的天津市水利工程建设管理的动态信息、水利工程管理的相关公告及各单位上报动态信息的统计结果。

根据登录用户的不同，主页显示内容不同。远程项目法人可以在该页面看到本人上报工程的每个环节的报批情况，了解工程审批的进度。而工程主管部门可以在该页面看到所有工程每个环节的报批统计情况，及时了解是否有待审批的工程。同时，使用该系统的人员还可以了解最新的工程公告，每个用户可以看到自己的最新通知和邮件等。根据用户权限不同，可使用的功能模块也不同。

（二）项目管理信息

项目法人组建。由项目法人筹备机构远程填写《水利工程建设项目法人资格申请表》，并可以附件形式提交相关文件。主管部门自收到申请资料 7 个工作日内，对文件进行审批，在审批过程中需要随时通知项目法人该文件的审批状况。

实现过程。对于没有通过审批的文件，需要将审批结果通知项目法人，并要求项目法人重新填写。由基建处相关人员上传项目法人成立批准文件的扫描件，并填写项目法人批准单位、文号、批准日期、办理进度。对于已经审批通过的项目法人，当出现法定代表人或技术负责人改变，或者工程改名等相关变化时，需要填写变更申请报告，该报告以 Word 文档方式存储。经主管部门的相关人员审批，由基建处相关人员上传变更申请批复文件的扫描件。

实现效果。项目法人填写的信息，主管部门无权修改。项目法人代表、技术负责人和主要工作人员需要填写姓名、身份证号、职务、职称、相关工作经历等信息，其他人员可以不填。填写其他组成人员时，需要填写的内容包括：姓名、年龄、学历、职称、职务、是否专职。对于更改工程名称、项目法人代表或技术负责人等情况，需要用最新的信息代替上次填写的信息。如果审批文件发生改变，需要保留上次的审批文件。在项目法人的资格申请表中无须录入主管部门意见，也无须负责人签字盖章。只有具有相关权限的人员方可录入项目法人批准单位、批准文号等审批结果信息，并上传有关文件。

报建备案。当初步设计已获批准、投资计划已下达、项目法人实体已经组建或明确后，项目法人应当按规定填写《天津市水利工程建设项目报建备案表》，向基建处办理报建备案。基建处收到《天津市水利工程建设项目报建备案表》后 5 个工作日内，予以备案。并将盖有电子印章的备案结果反馈给项目法人。

实现过程。如果项目法人提供的材料不合格，需要将备案意见反馈给项目法人，并要求项目法人重新填写。对审批通过的备案表，由主管部门的相关人员填写备案意见、报建备案编号、备案人、备案日期、办理进度，并盖报建备案专用章。

实现效果。项目法人填写的信息，主管部门无权修改。如果项目法人无法将所需提交的初步设计批准文件、项目法人组建或明确的批准文件、项目建设管理实施方案等资料通过附件上传到该系统，可以在系统中记录主管部门已经查阅或接收的资料目录。

施工图审查。项目法人将施工图审查材料报送基建处。材料包括：项目初步设计批准文件复印件；施工图审查机构复印件；《天津市水利工程施工图审查报告》；施工图设计文件（加盖施工图审查机构专用章、审查人员专用章）；施工图纸目录（加盖施工图审查机构专用章及项目法人公章）。由项目法人填写《天津市水利工程施工图审查备案表》。基建处相关人员自受理申请之日起 7 个工作日内，完成审查工作。审查不合格的，基建处需要通知项目法人并提出审查意见，项目法人将修改后的相关资料重新报审。

实现过程。一个工程可能存在多次施工图报审，每次报审流程一致。如果项目法人提供的材料不合格，需要将审查意见反馈给项目法人，并要求项目法人重新填写。对审查通过的施工图，由主管部门的相关人员在《天津市水利工程施工图审查备案表》填写备案意见并签字、填写备案编号、备案日期、加盖备案受理单位印章。当施工图在施工过程中发生改变时，通过"设计变更"模块录入施工图变更情况，在此模块中不做操作。

实现效果。项目法人填写的信息，主管部门无权修改。如果项目法人无法将所需提交的《天津市水利工程施工图审查报告》等资料通过附件上传到该系统，可以在系统中记录主管部门已经查阅或接收的资料目录。

质量监督管理。项目法人在开工前，到水利建设工程质量监督机构办理质量监督备案手续。项目法人应填写《天津市水利工程建设质量监督书》及相关的体系人员登记表，并向质量监督机构提交以下材料：①工程项目建设审批文件（初步设计及概算批准文件和投资计划批复等）；②施工单位资质复印件；③施工组织设计和经审查批准后的施工图纸；④项目法人、监理、施工、设计单位的质量管理情况（即工程建设单位质量检查体系、监理单位质量控制体系、施工单位质量保证体系及设计单位现场服务体系登记表）。监督机构在收到申请表格和相关资料后 10 个工作日内，作出审核决定。

实现过程。如果项目法人提供的材料不合格，需要将审核意见反馈给项目法人，并要求项目法人重新填写。对审查通过的质量监督书，由主管部门的相关人员填写质量监督编号、批准日期、办理进度，并在《天津市水利工程建设质量监督书》上签字、加盖监督机构的电子印章。

实现效果。项目法人填写的信息，主管部门也可以修改。如果项目法人无法将所需提交的相关材料通过附件上传到该系统，可以在系统中记录主管部门已经查阅或接收的资料目录。

安全生产监督管理。项目法人在开工前，到水利建设工程安全监督机构办理安全生产监督备案手续。项目法人填写《天津市水利工程建设安全生产监督备案表》，并提交以下材料：保证安全生产的措施方案和安全施工的技术措施情况（具体包括：

①项目概况。

②编制依据。

③安全生产管理机构及相关负责人。

④安全生产的有关规章制度制定情况。

⑤安全生产管理人员及特种作业人员持证上岗情况。

⑥应急救援预案。

⑦工程度汛方案、措施。

⑧具体安全施工技术措施等）；施工单位安全生产管理机构及相关安全生产管理人员的证件（复印件）。

实现过程。如果项目法人提供的材料不合格，需要将审核意见反馈给项目法人，并要求项目法人重新填写。需要项目法人填写主要安全生产管理人员信息，包括：姓名、性别、工种、证书号、证书有效期限。也可以上传他们的证件复印件。对审核通过的安全生产监督备案表，由主管部门的相关人员填写生产监督备案编号、备案日期、办理进度，并在《天津市水利工程建设安全生产监督备案表》上加盖监督机构的电子印章。

实现效果。项目法人填写的信息，主管部门可以修改。基建处相关人员可以维护安全生产管理人员信息，并上传相关资料。如果项目法人无法将所需提交的相关材料通过附件上传到该系统，可以在系统中记录主管部门已经查阅或接收的资料目录。

项目开工审批。项目法人在办理工程开工审批手续前，需要填写《项目经济合同备案登记表》，并提供合同等资料到基建处办理合同备案手续。项目法人填写《项目管理预算备案登记表》，并提供工程概算批复文件等资料，到天津市水利建设工程造价管理站办理项目管理预算备案手续。合同与项目管理预算备案后，项目法人填写《开工报告申请表》，并提供以下资料：

① 项目法人批准文件。

② 可研、初步设计的批准文件。

③ 投资计划下达文件。

④ 水利工程建设项目报建备案表。

⑤ 施工图设计文件许可通知书。

⑥ 勘察、设计、监理、施工承包合同副本。

⑦ 招标计划书和招标投标总结报告。

⑧ 质量的监督书。

⑨ 安全生产的监督备案表。

⑩ 经济合同的备案表。

⑪ 天津市水利工程建设项目开工报告申请表。

水务局自收到开工申请报告后 15 个工作日，完成审查。出具《天津市水利工程建设项目开工通知书》。

实现过程。对于没有通过审批的文件，需要将审批结果通知项目法人，并要求项目法人重新填写。基建管理处和造价站相关人员可以在备案登记表上签字盖章。基建处相关人员将处长已经签字盖章的承办单和开工报告申请表扫描上传到系统中。《天津市水利工程建设项目开工通知书》会从其他部门盖章，基建处相关人员取回《天津市水利工程建设项目开工通知书》后，填写开工通知编号、开工办结日期、办理进度，并上传《天津市水利工程建设项目开工通知书》的扫描件。

实现效果。项目法人填写的信息，主管部门无权修改。施工期间，当合同发生变更时，需要从"合同变更"模块中记录相关信息，不从此模块中进行操作。

（三）进度控制

进度周报。项目法人每周四下午 3 点前通过远程登录，向基建处报送《水利基建工程建设进度周报表》。基建处相关工作人员根据项目法人上报的周报表，生成用于相关管理人员查询用的汇总的《天津市水利重点工程建设进度周报表》。具有相关权限的人可以随时查询、下载周报情况。

实现效果。项目法人上报进度周报时，其中项目名称只保留两个级别，首先是工程名称，其次是单项工程名称。项目法人上报时，可以填写以上两个级别中的任何一个级别的工程名称。项目法人上报的每个工程需要选择工程所属类别(单选)，包括市属重点工程、局属工程、区县工程。项目法人无权维护以上的工程类别，只有核心子系统中的相关人员可以维护。项目法人填写后需要点击"上报"按钮方可使数据生效，上报数据后，项目法人无权修改数据。基建处进行工程管理的相关人员可以对项目法人上报的进度周报进行修改，保留每次的周报数据。也可以退回要求项目法人重新填写。产生汇总数据表时，可以分别按照"天津市水利重点工程""天津市区县水利工程""天津市局属水利工程"三个类别进行统计。

进度月报。工程开工后的每月25日，由项目法人上报工程建设管理情况月报。基建处相关工作人员根据项目法人上报的月报情况，每月自动生成《天津市水利工程建设管理情况汇总表》。具有相关权限的人可以随时查询、打印月报情况。

实现效果。项目法人填写时，每个工程需要选择是否属于以下类别中的某一个，如图6-2所示。

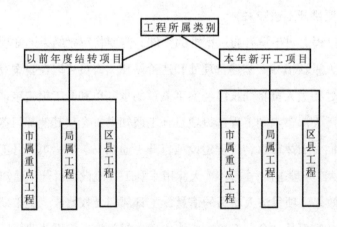

图6-2　项目类别图

项目法人无权维护以上的工程类别，只有工程管理的相关人员可以维护。报表中的"项目名称"由项目法人选择本单位负责的在建项目，只填写一级工程名

（不包括单项工程）。报表中除了"累计完成投资""项目管理情况""质量核定及验收情况"在每次填报的时候会有变化，其他栏目变化较少。项目法人可以同时上传进度月报的 Word 文档附件。

项目法人填写后需要点击"上报"按钮方可使数据生效。数据上报后，项目法人无权修改数据。

基建处的相关工程管理人员可以对项目法人上报的进度月报进行修改，保留每次的月报数据。也可以退回要求项目法人重新填写。对于项目法人填写错误的数据，基建处相关人员需要电话通知。产生汇总数据表时，可以分别按照"以前年度结转重点工程""以前年度结转区县工程""以前年度结转局属工程""本年新开工重点工程""本年新开工区县工程""本年新开工局属工程"六个类别进行统计。

资金管理。项目法人于每月月末 5 日内向项目主管部门报送《基建工程财务月报表》《资金平衡表》《待摊投资明细表》，基建处具有相关权限的人可以审查该数据的有效性，并汇总月报表。

实现效果。项目法人远程填写《基建工程财务月报表》。基建处相关人员可以浏览这些月报。

项目法人从系统中直接填写《资金平衡表》《待摊投资明细表》，系统会自动进行汇总，产生汇总的《资金平衡表》《待摊投资明细表》，基建处的相关人员可以对汇总表中的内容进行修改。

质量与安全生产管理。工程开工后，由项目法人填写《工程建设质量与安全生产联络员基本信息表》，并提交给基建处。每月项目法人上报质量与安全信息，基建处根据项目法人上报的事故信息汇总生成《水利工程建设质量与安全事故月（季度、年）报表》。水利工程进行竣工验收前，由项目法人填写《天津市水利建设工程质量等级核定审批表》，由相关部门进行审批。

实现效果。项目法人填写《水利工程建设质量与安全生产联络员基本信息表》。基建处相关人员也有权限录入、修改联络员信息。项目法人每个月填写《水利工程建设质量与安全事故月报表》。当事故数非 0 时，需要项目法人提交事故详细情况、事故分析等说明文件，文件以附件形式上传。系统根据月报表，自动汇总生成事故季度报表、半年报表、年报表。监督员可以从此模块中发布针对某个工程项目的质量与安全整改通知。项目法人把整改结果以附件的形式上传。工程完工后，由项目法人填写《天津市水利建设工程质量等级核定审批表》。审批不通过时，由相关审批人员将审批意见反馈给项目法人，并要求重新填写。审批通过时，相关人员填写核定等级、审批日期、办理进度，并在核定表的相应位置签字盖章。

合同管理。项目法人或基建处的相关人员可以上传原始合同或变更合同的附件。变更合同就是重新填写《项目经济合同备案登记表》。

设计变更。在工程进行过程中或完工后，当设计有改动时，可以由项目法人或基建处相关人员从此进行录入。

实现效果。可以录入的信息包括：工程名称、变更日期、变更原因、变更内容、录入人员、录入日期。并将变更的审批文件等资料以附件的形式上传。如果无法通过附件上传，基建处可以记录已经审阅或接收的资料目录。其中，变更日期和录入日期必须填写。

验收管理。工程完工并具备验收条件后，项目法人应向水行政主管部门提出竣工验收申请。竣工验收成果为竣工验收鉴定书。

实现效果。基建处相关人员将已经批复的竣工验收申请和一些相关资料上传到系统中。要求项目法人上传《竣工验收鉴定书》的扫描件。基建处相关人员或项目法人填写竣工验收日期、验收主持单位。

结合天津市水利工程建设管理存在问题和现实需求，经过严格的调研和设计开发，本文设计和实现了天津市水利工程建设管理系统，可以满足水利工程建设管理的需求。论文研究的主要结论如下：

（1）结合水利工程建设的特点，制定出水利工程建设项目业务流程图、系统流程图和数据流程图。通过梳理工作流程，确定了远程用户申报系统、上报数据审核系统、水利工程建设管理的核心系统，为系统开发打好了基础。

（2）系统总体构架是基于分层思想设计的，虽然采用不同服务器，但构架方式相同。系统由三个子系统构成，分别为核心、审核和远程子系统。中间层由网络支持、应用系统支持、应用系统开发平台组成。硬件层由网络硬件与通信系统构成。

（3）系统分为表示层、数据逻辑层和业务逻辑层。表示层作为互信息的窗口，实现输入和输出数据。可以通过脚本代码等创建业务组件。业务层是管理信息系统的主体部分，业务处理程序、数据处理、相关规则。数据的处理、分析功能业务层。用户检索数据时，可以要求传送业务层，经处理后，检索结果也传送表示层。数据层是系统数据的中心，所有数据将存储在数据层，通过程序代码可以实现。接受请求，进行处理，获得及时反馈给表示层，达到接受新数据的目的。

（4）三个子系统的详细设计，使系统实用性更强，使用更加方便。核心子系统涵盖了从项目法人申报到竣工验收的程序管理、工程项目查询、档案管理、信用信息管理、政策法规、造价信息、执法稽查、办事指南等具体业务工作。通过核心子系统的详细设计，规范了工程建设管理从程序到验收的各个方面，既规范了项目法人申报工作，又规范了主管部门管理。在日常审核办理文件流程、档案管理等方面都制定了新的要求，大大提高了工作水平。远程子系统通过数据的远程传输，实现了在线申报、在线审批功能，大大提高了工作效率。审核子系统实现了网上审核，增加了退回修改流程，使填报人员在网上实现文字修改，实现审批过程留痕，为程序监管提供方便。

第七章 基于全寿命周期的水利工程质量

第一节 国内外研究现状

一、国外研究现状

国外发达国家市场经济发展较为成熟，已经积累了丰富的工程质量控制和评价经验，基本形成了与市场经济体制相适应的相关法律、法规体系和控制评价机制。国外的项目工程质量评价是 20 世纪 30 年代美国国会为监督政府"新政"政策性投资的手段。美国的质量专家朱兰博士在 20 世纪 90 年代针对经济发展提出了改进质量理论，日本的质量管理专家论述了质量经营的想法，追求综合质量第一；Mckim 等认为成本、工期和质量之间是相互关联的，必须平衡这些指标才能更好地评价工程项目（Mckim，2000）。对于这方面的研究主要侧重于质量保证和质量监督管理体系的建设，对工程质量的监督与控制从头到尾实行全过程管理。目前美、英、日等经济发达国家以及世界银行、亚洲开发银行和联合国教科文组织等相关国家机构已经形成比较完善的项目工程评价机制。近年来，亚洲开发银行、世界银行及美国政府等提供的项目绩效管理等，都体现出将项目的建设实施视为一个连续的、完整的过程的思想，项目评价倾向于对项目全过程进行评价。

西方发达国家的大部分工程质量评价机构，都隶属于立法机构，美国国会定期举行建设项目工程质量评价听证会，而瑞典相关机构则直接报告给国会；另外，一些发展中国家的工程质量评价机构则直接设立在各政府的部门中，而国际组织内部设立的工程质量评价机构一般直接隶属于该组织的最高领导部门董事会。在世界银行，业务评价局作为工程质量评价的独立部门，只对银行董事会和行长负责，直接对项目作出评价，得出结果。该部门具有绝对的独立性和权威性，许多其他的国际组织的工程质量评价机构也是一个独立于其他业务机构的重要部门。

二、国内研究现状

国内农田水利建设项目工程质量评价工作从 20 世纪 80 年代中期开始，主要是对国家重大高标准农田水利建设投资项目进行工程质量评价，20 世纪 90 年代中期在全国范围内得到广泛推广，并渐渐形成了适合中国国情的评价体系。国内现行的评价体系将工程质量评价分为前、中、后三段评价。农田水利建设的投资体制一直进行着创新与改革，但是工程质量的评价工作却没有随着发展而进步，始终处于起步阶段，虽然也逐渐受到投资界和相关农发部门的重视，但仍然缺少相应的理论及系统化研究。

自 20 世纪 90 年代起，国内部分学者对于控制和评价水利工程质量的方法与相关的数学模型进行了探讨，21 世纪初，部分学者针对中小型农田水利工程的质量评价开展了研究。邓社军探讨了关于中小型水利工程施工质量控制及评价方法，简述了工程质量控制的原理，针对当前中小型水利工程质量控制及评价方法中存在问题表达了意见（邓社军，2007）；李重用建立了水利工程施工质量评价的模型，总结了影响水利工程施工质量的因素，确定了水利施工质量评价的指标，运用层次分析法计算各指标的权重，建立模糊综合评价模型（李重用，2009）；周津春对于中小型农田水利工程质量管理进行研究，提出三项制度建设（周津春，2012）；陈亚敏分析了地方中小型水利工程质量评价存在的问题以及质量评价的分类，采用工程模糊集，建立多级模糊识别模型，从工程模糊的角度对工程质量进行定性分析（陈亚敏，2014）；梁倩针对农田水利项目设计中的质量控制进行了研究（梁倩，2015）；司新毅建立了基于遗传算法和投影寻踪模型的水利工程质量评价体系，但工程质量评价体系指标没有一个统一的标准，关于体系指标选取的全面性、科学性也需要深入研究（司新毅，2016）。

综上所述，近十年来，国内学者对水利工程质量的评价进行了较为深入的研究，取得了较为显著的成果。然而，当前的水利质量评价仍然存在两个问题：一是对水利工程的质量评价集中于评价方法和模型的研究，且这些模型和方法多以工程项目施工阶段的质量评价为出发点，对建设工程质量缺乏宏观、系统和全面的考虑；二是当前的工程质量方法主要针对一些重大水利工程项目，其中的质量评价方法很难移植到农田水利工程质量的评价当中。

农田水利建设项目建设作为国家保障粮食安全的重要手段，已经取得了巨大的成就。然而，当前的农田水利工程质量存在诸多问题需要解决，而且由于缺少针对农田水利工程项目质量评价的有效机制，致使许多项目因不能及时总结经验，吸取教训并对未来发展作出预测，而无法达到预期的投资效益。本文针对上述问题确定了如下主要研究内容：

（1）针对当前农田水利工程暴露出的质量问题，主要采用文献调查与实地调查相结合的方法开展调查，统计整理当前工程质量问题的主要类型及其出现频数，找出农田水利工程存在的主要问题。

（2）在对农田水利工程质量问题调查的基础上，引入了全寿命周期的概念，利用专家调查法，对影响农田水利工程质量的因素进行全面收集整理，利用层次分析法计算各质量影响因素的权重，找出影响农田水利工程质量的关键因素，为有针对性地制定质量控制措施提供指导。

（3）针对当前农田水利工程缺乏全面质量评价方法的现状，结合上述对于工程质量影响因素的研究，建立基于全寿命周期角度的工程质量评价模型，在一定程度上弥补了农田水利工程质量评价的短板，实现农田水利工程质量的全面质量评价。

第二节　农田水利工程质量问题调查

一、农田水利工程质量文献调查

综合前期实地调研遇到的问题以及农田水利工程的特点，决定采用文献调查的方式。文献调查法并不是针对问题进行直接的调查，它需要对大量的文字材料进行整合与分析，文献调查法最大的优势是能够摆脱空间和时间的限制，它可以获得比实地调查更全面和准确的数据，但必须保证找到的文献是可靠的。文献调查法不必与被调查者联系，因此避免了在直接调查过程中与被调查者产生误会，或者引起被调查者的抵触情绪，也不像口头调查一样，出现调查数据与事实不符的情况。

（一）文献来源

利用网络资源，以"农田水利工程质量问题"作为关键词，搜索从2005—2015年国内期刊相关论文，筛选符合要求的文献169篇。论文的作者基本上从事农田水利工程建设的施工人员和管理人员，大多属于叙述性论文和工程实践经验总结，刊发在不同级别的期刊上。论文分析立场包括水利管理单位、设计单位、施工单位，论文内容涵盖项目规划、勘察设计、工程施工以及运行管理各阶段，论文作者地域涉及全国26个省、市和自治区，主要集中在山东省、江苏省、安徽省。

（二）质量问题统计

归纳整理这些论文关于农田水利工程存在质量问题的讨论，对于"问题"性论文，即讨论目前农田水利项目建设中实际存在的问题，将问题直接进行统计；对于"对策"与"建议"类论文，即以后应该怎么去做，把"对策"与"建议"的一些做法也作为对应的问题进行统计，如论文建议"应当加大工程投入"则相应的"工程投入不足"作为当前存在的问题进行统计。

二、农田水利工程主要质量问题

（一）资金投入问题

（1）资金投入渠道较少，绝大多数靠政府财政拨款。就当前的农田水利工程投资情况来看，绝大多数地区的农田水利建设资金仍然依靠政府的财政拨款，社会资本力量很少流入农田水利工程建设，水利市场化融资机制不完善，工程建设资金来源渠道较少。

（2）资金多头管理，分布于多个部门，交叉、重复使用。用于建设农田水利工程的资金分布在发改、水利、财政、农业等部门，由于各部门之间缺乏良好的沟通，导致资金在项目建设上出现资金交叉、重复、分散使用的情况，资金投入达不到预期效益,这种多头管理方式也使同一个项目多部门申报现象时有发生。

(3)资金主要用于工程建设,后期运行维护资金缺乏。农田水利工程建设完成后,工程的管理和维护仍需一定的经费。基层管理部门缺乏资金,群众集资很难操作,另外,由于计量设备不足,水费收缴存在困难,导致缺乏运行维护的资金,工程建设完成后无人管理,工程破坏后无人维护,工程基本处于半瘫痪状态。

(4)农田水利建设历史缺口较大,建设资金相对投入不足。改革开放以来,农田水利建设投资存在较大缺口,前期的财政支农资金大约60%用在河流治理和气象发展,农业生产投入占40%,但用于农田水利建设的资金微乎其微。虽然近几年农田水利投资幅度有较大增长,但相对于农田水利投资上的巨大需求仍显不足。

(二)规划决策问题

(1)工程建设规划不足,主观性强,缺乏论证。在进行农田水利工程建设时,要考虑包括经济、技术、农民实际需求等多方面因素,合理规划水利工程建设。但在实际水利工程建设中,规划往往存在不合理现象,在工程建设前对项目规划考虑不全面,规划主观性强,没有专业论证,造成了水利工程设施无法发挥效益。

(2)工程目的不明,标准不一,重复、无序建设明显。农田水利工程涉及的部门比较广泛,管理部门也相对较多,工程规划过程中各相关部门缺乏统一的规范,工程规划的目的不明确,导致农田水利工程零乱建设现象严重,各类水利工程建设标准不统一,设备不配套。

(3)农田水利建设发展不平衡,地区间的差异明显。由于经济发展的地区差异,各地经济发展水平和政府财政能力不同,资金投入存在较为明显的差距,工程建设情况也有很大不同,经济发展较快的地区,农田水利工程建设发展较好,偏远贫困地区,农田水利建设发展缓慢,农田水利建设发展不平衡成为新问题。

(三)勘察设计问题

(1)设计方案不严谨、变更多、缺乏对比。在部分农水工程的规划设计中,为了推进项目实施,极度压缩规划设计时间,导致设计人员没有足够的时间进行实地勘察，方案的设计过程缺乏深入全面的论证，设计方案缺乏对比优化。另外，农田水利工程的设计单位普遍资质较低，设计水平不高，规划设计多凭借经验进行，导致工程设计不规范，甚至不符合工程实际。

（2）工程设备不配套或配套不完善。由于多种原因造成工程建设配套不齐全，如一些灌区只建设了取水工程和部分干支渠，对于斗渠和农渠没有建设，还有部分水利设施没有安装机电设备，工程根本无法运行，大约40%的水利工程存在工程不配套或者配套不齐的现象，严重影响了工程效益（马洪山，2010）。

（3）环境勘测资料不全，甚至不勘测。由于对农田水利工程建设本身不够重视，工程设计前期并没有进行细致的勘察，缺乏较系统全面的满足设计要求的地质勘测资料，仅对现存的资料进行分析，对工程实际情况缺乏全面细致的了解，导致中小型水利工程的前期勘测设计深度不够，方案比选不力。

（4）设计偷工减料，人为降低设计标准。在小型农田水利工程的设计阶段，部分单位为了个人利益在设计中偷工减料或受到资金方面的制约，降低工程设计标准。

（四）施工问题

（1）施工质量监督制度不完善、政府、监理投入不足。我国农田水利工程的施工方式和管理方式都不标准，没有科学的、统一的施工质量监督规范，水利工程的施工没有严格的监管，在一定程度上影响了施工质量；由于农田水利工程的施工地点比较分散，政府工程管理部门受到人员和空间的限制，无法做到全面监督，也就不能保障农田水利工程的质量及效益；监理单位认为农田水利工程建设难度不高，为了降低成本，在监理过程中投入人力和物力不足，现场的监理人员业务水平不高，对工程的质量控制达不到预期的效果。

（2）施工质量差、不能达标。小型农田水利的招标投标工作不符合规定，导致没有水利施工资质的施工单位参与水利工程建设，施工单位在施工过程中违反施工规范要求导致农田水利工程施工质量不达标，造成资金浪费。

（3）施工队伍人员素质、专业水平低。建设单位组织的现场施工人员与招标投标时所写的人员不一致，为了减少支出，临时聘用一些没有施工经验或技术素质较低的人员，管理和技术水平不能满足工程建设的需要；小型农田水利工程的具体施工人员大多为施工单位临时组织的当地农民，这些人员没有进行过施工培训，技术素质良莠不齐。

（4）施工单位轻视质量，偷工减料。由于农田水利工程的工程量较小，施工工艺要求不高，技术较为简单，容易造成建设单位的轻视。在施工过程中偷工减料、敷衍了事，人为地降低了工程的质量标准。

（五）运行维护问题

（1）管理体制不健全，重建轻管，管理粗放，建管用脱节。部分农田水利工程管理机构不健全，重建轻管，大多管理组织把工程管理与运行工作集中在"用"上，对工程本身的维护及管理组织的运行不重视，农田水利工程处于有人用，没人管的状态，造成很多已建成的小型农田水利工程投入使用不久，就出现了导流明渠堵塞、泵站遭到严重破坏等问题，使其过早地失去利用价值。另外，水利设施带"病"运行的问题比较普遍，缺乏必要的维护保养工作，使得设备的损坏和老旧现象严重。

（2）管理权责不明，产权关系模糊。农田水利工程的建设一直采用政府主导的方式，工程建设完成后的产权归属、运行维护责任落实缺乏法律规范。目前，农田水利工程建成后，后期的运行维护费用地方政府以及村民组织无力承担，水利工程的产权制度改革也进展缓慢，致使很多水利工程设施处于权责不明、产权模糊的状态，制约了小型农田水利工程的发展。

（3）基层管理人才缺乏、技术力量薄弱。基层水利队伍中，多数人只具有高中及以下学历，很多没有水利专业背景（孙晶辉，2014）。地方条件艰苦对水利人才缺乏吸引力，加上部分地方水利部门对基层人才队伍的建设不够重视，人才培养的机制也不健全。

（4）农民自觉管理、维护农田水利工程的认识还不够。他们是工程的最直接受惠者，理论上应该是农田水利工程管理和维护的主体，但实际情况并非如此，大多数人认为农田水利项目是由国家主持兴建的，应该由国家而非农民管护，这种观念致使农民在使用农田水利工程时具有非常大的随意性（崔世彬，2012）。此外，农民的受教育程度还没有得到明显提升，部分农民缺乏对小型农田水利设施的维护意识，有的农民为谋取自身的利益而对建筑物随意毁坏，如个别农民只为自己用水方便，任意在渠道上凿洞开口，任意地堵塞压占渠道，站房被损，电机被盗，电线被割等情况时有发生，往往使已建的工程项目无法长期发挥效益。

（5）用水计量设施缺乏，水费收缴难。农田水利量水设施相对落后，据统计，80%灌溉用户不进行水量计量而只交电费，15%的灌溉用户采用传统的机械式水表进行计量，仅仅5%灌溉用户使用IC卡自动计量灌溉收费系统。

（六）历史遗留问题

工程建设时间久远，设备老化失修、缺乏更新。我国水利工程设施多是在20世纪六七十年代建成的。这些陈旧的农田水利工程基础设施多半已经超过了使用年限，且设施技术相对落后，配套差、标准低、年久失修，使水流渗透严重、输水沟渠坍塌，不能满足农业灌溉的需要，造成农业生产抵御自然灾害能力降低，农作物缺水问题严重（武文杰，2015）。

老旧工程建设标准低，基本丧失灌溉能力。由于受历史条件的限制，我国兴建于20世纪的水利工程大多是一边建设，一边施工，设计的标准不高，施工质量差，由于年代久远出现了较大损坏，能够保持灌溉能力的不多。

三、调查结果分析

（一）"运行管理体制不健全"的问题最突出

在所有出现的问题中，"运行管理体制不健全"的问题出现频数最多，达到94次，运行中普遍存在重建轻管现象，其根源在于当前农田水利工程的管理权责不明确，产权关系模糊，这也是造成建管用脱节，后期工程得不到维护的重要原因；"资金投入"问题次之，出现73次，主要问题在于工程建设中地方政府资金很难到位，资金投入渠道减少，吸引的社会资金较少，建设完成后的管理维护资金缺乏；第三为"工程老化失修、带病运行、缺乏更新"现象严重，出现61次，究其原因，主要是因为建于20世纪六七十年代的农田水利工程长期缺乏管护、带"病"运行，灌溉效益差或根本无法发挥效益。

（二）质量问题存在于工程建设的全部阶段

根据问题的分类统计，在农田水利工程的规划决策阶段出现问题，累计频数

89 次；设计阶段出现问题 4 个，累计频数 54 次；施工阶段出现问题 9 个，累计频数 99 次；运行管理阶段出现问题 8 个，累计频数 276 次。工程质量问题涵盖了工程建设的各个阶段，而当前对于工程质量的验收评价只集中于竣工阶段显然不能达到全面评价农田水利工程质量的目的，因此，对农田水利工程进行全寿命周期的评价很有必要。

（三）运行维护阶段出现问题频数最多

工程建成后的运行维护阶段是农田水利工程存在问题最多的阶段，问题出现频数是设计阶段的 1.6 倍，施工阶段的 2.8 倍，经分析主要原因有：一是农田水利工程的权责不明确、后期维护制度不健全导致工程建设完成后缺乏有效管理，工程质量难以长期维持在竣工验收时的水平；二是由于前期项目决策、施工以及勘察设计阶段的质量控制不到位，由于质量的传递效应，导致问题在运行维护阶段集中出现。

本章从当前农田水利工程暴露出的质量问题入手，通过工程质量问题调查，明确了农田水利工程建设存在的质量问题 31 类，对问题进行统计分析后发现，工程质量问题存在于工程建设的各个环节，包括项目决策阶段、勘察设计阶段、施工阶段以及运行维护阶段，问题更多地出现在后期的运行维护阶段。

第三节　农田水利工程质量影响因素研究

一、全寿命周期理念

20 世纪 60 年代，美国中西部研究所最早提出了全寿命周期评价。1969 年，美国研究人员对可口可乐公司饮料包装瓶的评价研究，标志着全寿命周期评价研究的开始（薛延，2012）。后来寿命周期理论逐步运用到工程领域，并且得到了实践管理者的关注和重视。全寿命周期先期主要用于工程成本的控制以及经济性评价（周童，2012）；韩国波建立了基于全寿命周期的建筑工程质量监管模式及方法，证明其具有可操作性和实用性（韩国波，2013）；王秀代建立了基于全寿命周期的建筑评价体系，并证明了其有效性和可行性（王秀代，2015）。因此，在前人研究的基础上将全寿命周期理念应用到农田水利工程的质量控制和评价上具有一定的理论基础和可操作性。

二、质量影响因素的专家调查

农田水利工程建设具有建造内容丰富、地区差异显著等特点，因此，影响工程质量的因素错综复杂，即便是同样的农田水利工程在不同的地区其影响因素也不完全相同。为了使农田水利工程质量影响因素的分析更加合理，在前期文献调查的基础上，结合专家调查的方法，保证工程质量影响因素分析的全面性和合理性。

（一）专家调查法的选择

专家调查法也称为德尔菲法，是工程管理普遍使用的一种决策方法，常见的方式有专家会议和信函调查。

1. 专家会议法

专家会议法是根据一定的原则选取一定数量的专家以会议的形式，集中对某个问题展开讨论，发挥各位专家的经验智慧对问题作出判断。会议开始时由主持人对需要讨论的问题进行说明，并为各位专家提供相关的资料信息，各位专家根据自己的经验和理解进行分析和判断，并进行讨论，最后对各专家的观点进行汇总和整理。

专家会议法存在以下优势：

（1）实现信息共享。会议过程中主持人对问题作出说明之后，各专家可以把自己的经验想法分享给其他人，同时也可获得其他专家不同的思路。

（2）可以相互启发。每位专家的业务领域以及工程经验都不尽相同，其他专家对问题发表看法的同时，自己也能得到启发，从而完善自己的思路。

专家会议法也存在一些不足：

（1）易受权威人士影响。参与会议的专家之中难免有一些职位或者职称上的差别，或者某些领域内的权威，这就造成其余部分专家可能故意隐藏自己的意见和想法，达不到预期的效果，影响最终的会议结论。

（2）易受从众心理影响。从众心理是一种普遍存在的心理行为，在专家进行交流的同时，个别专家的论断可能导致其他专家产生从众心理，或者碍于面子不好作出反驳，影响会议结果。

2. 信函调查法

信函调查法是一种通过发送信件或邮件征求专家意见的调查方式。将要讨论的问题在信函中作出说明，并且提供必要的资料便于专家参考，专家根据自己的经验作出分析和判断，并通过信函的方式进行反馈，调查者根据不同专家的意见汇总产生最终结果。

信函调查法具有以下优势：

（1）不受权威人员的干预。

（2）避免了从众心理。在信函调查过程中，各专家相互独立，彼此之间不存在联系，可以充分地发表自己的意见，因此不会受到其他专家的影响，更不会产生从众心理。信函调查法存在的不足之处。

（1）专家结论比较孤立。

（2）专家间不能相互启发。正因为信函调查过程中各位专家之间不存在联系，各位专家的意见不能分享给他人，同时也不能在他人的意见中得到启发。

综合以上专家会议法和信函调查法的优、缺点，结合本课题的研究内容，本文采用信函调查法，但在上述基础上作出一定改进，即通过信函或邮件的方式获取各位专家的意见进行第一次汇总，将汇总后的意见再次发给各位专家，使各专家在他人意见的基础上进行补充完善，并将各专家的意见进行第二次汇总作为最终的结果，这样可以最大限度地减小各专家之间不能相互启发的弊端。

（二）专家调查的实施

1. 专家组成

本课题所说的专家与普遍意义上的专家略有不同，并不要求其在专业领域内有突出的学术科研成果。专家选择那些长期从事农田水利工程建设，具有丰富经验的群体，并没有职位或者职称方面的特殊要求，如长期从事水利工程施工的管理者或者具有丰富规划设计经验的设计人员都可以作为专家组的成员。选择的专家组成员应当对业务比较熟悉，具备一定的分析判断问题能力。另外，专家的业务领域也应予以考量，不宜过于狭小，应当对农田水利工程建设进行全局性的把握，也不宜过于集中，不同领域的专家有助于拓展思路，互相启发。

本课题选取了 10 位专家作为专家组成员，这些专家在农田水利工程建设和管理方面具有丰富经验，就职于设计院、施工单位、水利管理部门和高校。业务领域涵盖了项目决策、工程设计、工程施工、质量管控、后期维护管理等环节。

2. 专家调查的步骤

（1）在信函或邮件中表述此次调查的目的，要求各位专家根据自己的经验和判断分析影响农田水利工程质量的因素并发表看法。

（2）将前期实地调研以及文献调查的农田水利工程质量问题一一列出，并对每个问题作出简要的说明，通过信件或者邮件的方式发送给各专家，为专家提供参考。

（3）对专家反馈的意见进行整理，将整理结果以信函或者邮件的方式第二次发送给各位专家，各专家根据其他专家的意见相互启发，对结果进行完善。

（4）最终整理各专家对于影响农田水利工程质量的因素。

3. 专家调查结果

对各专家的反馈结果进行汇总，根据各专家意见将相似因素合并，如将"工程分包问题"划分到"任务组织"，"管理体制不健全"划分到"管理组织"，"建设存在盲目性、随意性"并入"可行性分析"。经过整理，最终获得 37 个质量影响因素，将其作为Ⅲ级影响因素进行分类，并按照逻辑关系划分为 13 个Ⅱ级影响因素和 5 个Ⅰ级影响因素。

三、因素权重计算

（一）层次分析法简介

层次分析法（Analytical Hierarchy Process，AHP）是由美国运筹学家萨蒂教授在 20 世纪 70 年代提出的一种应用于多准则、多目标决策的系统分析方法。它将与决策有关的因素按照一定的逻辑关系分为目标、准则和方案等不同层次，在此基础上进行定量分析，是一种解决多层次评价与问题决策的有效途径。AHP 法的基本原理是将复杂的决策问题按照其各因素内在的逻辑关系建立层次结构模型，针对同一类因素对上一级因素的影响程度建立判断矩阵，运用数学方法计算各因素相对上一层次的权重，最终形成底层因素对于目标的重要性排序，并据此选取最优方案。

建立递阶层次结构模型：利用层次分析法处理决策问题时，首先要对影响目标问题的因素进行系统的分析和整理，按照一定的逻辑关系对各因素进行归类，同级因素之间互相独立，上层因素对下层因素具有包含关系，逐步建立一个有序的层次分析模型。模型一般包括目标层、准则层和方案层三个层次：

目标层（A）原则上只由一个元素组成，也是最终决策的目标；

准则层（B）是关于目标层的影响因素，同一层次的因素之间互不影响、相互独立，因素较多时准则层下可以包含子准则层；

方案层（C）是能够达到目标要求的不同方案和路径，属于模型的最底层。

构造判断矩阵：建立递阶层次结构模型后，决策目标的各影响因素之间的逻辑关系便已确定，此时需要决策者根据评估模型对同级元素之间的重要性进行两两比较，构造相应的判断矩阵。

判断矩阵一致性检验：当决策者填写完成判断矩阵后，为了保证最终计算结果的合理性，需要对判断矩阵进行一致性检验。如果不经过一致性检验，决策者填写的判断矩阵不合理，容易造成最终评估结果的误差，甚至得到完全错误的结果，因此，对判断矩阵进行一致性检验是层次分析法中极其重要的一步。

不一致判断矩阵优化：在课题研究中，当决策者填写的判断矩阵不能通过一致性检验时，一般需要决策者重新填写判断矩阵，这样虽然增加了决策者的工作量，但是能够最大限度地保留决策者的个人意愿。但当条件不允许决策者再次修改判断矩阵，而且其填写的判断矩阵一致性比率接近 0.1 时，可以对判断矩阵进行优化，这样虽然在一定程度上改变了决策者的个人意愿，却能够修正决策者填写的不合理数据，提高评价结果的准确性。

（二）因素权重值

层次结构模型：按照专家调查的结果对影响因素进行归纳整理，建立图 7-1 所示的结构层次模型。

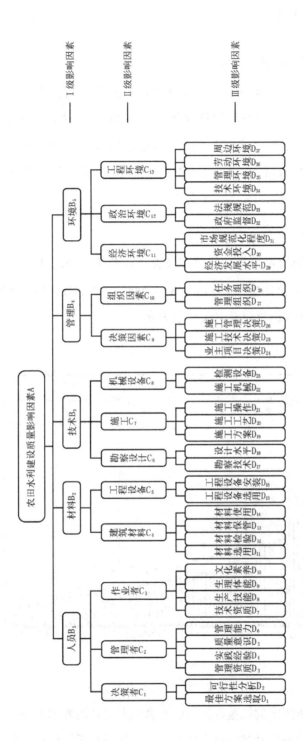

图 7-1 农田水利工程质量影响因素模型

四、因素分类

（一）ABC 分类法简介

ABC 分类法（Activity Based Classification）是由意大利著名的经济学家帕累托在研究个人收入的分布状态时首次创立的。ABC 分类法是项目管理中常用的分析方法，它的核心思想是依据事物在技术或经济方面的主要特征，进行分类排队并把被分析的对象分成 A、B、C 三类，识别出主要因素和次要因素，从而对不同对象采取不同的控制措施的一种分析方法。

（二）分类结果

根据各因素的权重排序，绘制累计百分比曲线，如图 7-2 所示。根据 ABC 分类法，将累计百分比按照 0~80%、80%~90%、90%~100% 将因素划分为 A 类主要因素、B 类次要因素以及 C 类一般因素。

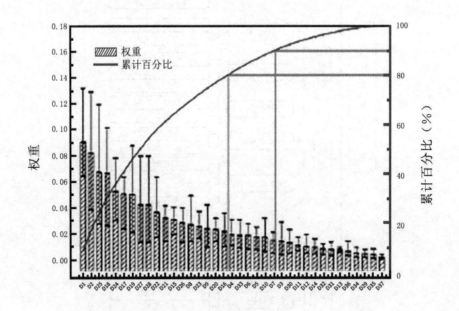

图 7-2　因素权重排序图

由于层次分析法中的权重计算易受专家个人主观因素的影响，为了增加权重数据的可信度，本研究通过增加专家数量，计算算数平均值作为各因素的权重，同时记录各因素权重的极大值与极小值。如图7-2所示，极大值与极小值基本和均值呈现一致的下降趋势，并没有出现极端坏值，因此，可认为各专家对于因素的重要性排序基本一致，均值能够较好地反映各因素的重要性。

为了避免重要因素的遗漏，结合某些因素的极大值状况，将B类因素中极大值明显较大的D_{10}划分到A类，将C类因素中的D_3、D_{30}划分到B类。最终获得A类主要因素19个，B类一般因素7个以及C类次要因素11个。将主要因素以及一般因素划分到工程建设的各阶段，其中，规划决策阶段涉及方案选取、可行性分析、业主项目决策3个A类因素，法规规范、质量意识、资金投入3个B类因素；勘察设计阶段涉及设计水平、勘察水平、工程设备选用3个A类因素，法规规范、质量意识、技术资质、资金投入4个B类影响因素；施工阶段涉及因素较多，包括施工技术决策、施工方案、管理组织、任务组织、施工机械、施工操作、施工管理决策、生产技能、检测设备、生理体能、施工工艺、工程设备安装、文化素养13个A类因素，实践经验、法规规范、管理能力、质量意识、技术资质、管理资质、资金投入7个B类影响因素；运行维护阶段涉及管理组织、文化素养2个A类因素，管理能力、质量意识、资金投入3个B类因素。

（三）结果分析

（1）"人员"是影响工程质量最重要的因素。根据权重的计算结果，农田水利工程建设过程中人员因素占比达到32.41%，其中决策者的影响占据主导地位；技术因素比重达到28.45%，影响程度仅次于人员因素；管理因素占比23.27%，人员、技术、管理的占比总和超过80%，在工程建设中应当加强这三方面因素的控制。

（2）规划决策阶段对农田水利工程建设具有决定作用。规划决策阶段包含的3个主要影响因素权重分别位于37个影响因素权重的第1、2、5位，所占比重都比较大。另外，根据前期的问题调查，决策阶段的质量影响因素控制不严极易传递到后期阶段，导致质量问题。因此，考虑到工程建设的不可逆性，应当适度延长规划决策阶段的周期，避免因时间紧张造成可行性分析不充分，方案缺乏论证，导致工程建设完成后由于规划不合理无法发挥预期效益。

（3）施工阶段依然是质量控制的重点阶段。施工阶段相对于其他阶段涉及的单位、人员更加复杂，包含的质量影响因素也最多，依然是质量控制的重点阶段。各单位应在有效控制各影响因素的基础上，加强对重要因素的控制。由于涉及的单位、人员以及质量因素比较复杂，在质量控制过程中各单位要加强相互之间的信息交流，保持质量控制的连续性。

（4）运行维护阶段的质量控制应当引起足够重视。运行维护阶段的工程质量已经形成，但并不应作为质量控制的终点，问题调查也发现更多的工程质量问题出现在运行维护阶段。因此，在加快产权制度改革的基础上，应当加强运行期制度建设，建立有效的检查和维护制度，在平时的工程检查中及时发现问题避免危害进一步加大，按时对工程的运行状态进行评价，建立相应的维护制度。另外，农田水利工程建设运行是效益长期的工程，必须充分重视基层管理人员的业务培训，不断提高管理人员的业务水平。

本章在对农田水利工程质量问题调查的基础上，引入了全寿命周期的概念，利用专家调查法，对影响农田水利工程质量的因素进行全面收集整理，最终确定37个影响因素，涉及农田水利工程建设的项目决策、勘察设计、施工以及运行维护各个阶段，利用层次分析的方法，计算各质量影响因素的权重，并按照 ABC 分类法分为 A 类重要因素、B 类次要因素以及 C 类一般因素，在农田水利工程建设过程中应当重点监控 A 类因素，B 类因素次之，工程质量关键影响因素的确定可以为有针对性地制定质量控制措施提供较强的指导。

第四节　农田水利工程质量评价体系

一、农田水利工程质量评价理论

（一）农田水利工程质量评价目标

农田水利工程全寿命周期的评价不再单一地局限于工程实体质量的评价，而是将项目规划决策、勘察设计、施工以及运行维护全部纳入工程质量评价的范围，逐步从目前的以施工阶段质量评价为主，向规划决策、勘察设计、运行维护等阶段的全寿命周期质量评价转变。客观地反映农田水利工程的质量状况，为政府的决策和质量控制提供依据，提高政府决策的科学性和合理性以及工程质量控制措施的针对性，促进农田水利工程质量提高。

（二）农田水利工程质量评价原则

由于农田水利工程质量评价的主要目标是为了寻找更为科学的质量控制手段，因此，相关的评价体系应该遵循如下原则：① 预测性原则。工程质量评价的目的就是科学地对工程质量现状进行评价，从而全面深刻地掌握工程质量的发展趋势，确定工程质量管理的政策和目标，因此，工程质量评价应当对工程质量未来的发展趋势进行预测，反映质量状况的走势。一方面，能够为政府部门的政策制定提供依据；另一方面，可以促进未来工程质量水平的提高。② 科学客观原则。任何评价体系都需要建立在科学分析的基础上，信息来源要准确，分析方法要科学，评价人员和评价标准应客观公正，评价结果必须客观地反映工程质量的实际情况。③ 全面系统原则。农田水利工程涉及工程、技术、管理及环境等多方面的因素，独立的分析评价并不能完整反映出工程质量的全面状态，为使考核指标能够全面反映工程质量状况，评价的指标要考虑到多方面因素，形成一个有机的整体。④ 动态发展原则。随着工程实践的发展，对于工程质量的认识也会不断深入，评价体系也要随着实践的发展不断地进行改进、完善、更新评价标准和观念，使评价能够为未来的工程项目提供依据。

二、农田水利工程质量评价体系的构建

（一）评价内容及指标的确定

根据农田水利工程质量的问题调查及对影响因素的研究，本文对农田水利工程质量评价主要包括人员、材料、技术、管理及环境五方面内容。

1. 人员因素

人是农田水利工程项目建设的决策和实施者，人员因素对工程项目质量的影响，主要包括项目建设过程中的决策人员、管理人员以及作业人员。

（1）决策人员。

① 方案选取。优质的方案对于实现工程建设的目标，保证工程质量具有积极作用。方案的选取应当在众多方案中全面分析、科学比对，最终选择科学合理的

方案以保证工程质量目标的实现。若项目决策者对于农田水利项目缺乏经验，项目决策过程存在盲目性，在前期方案的选择过程中考虑不周全，建成后不能发挥效益，也就谈不上符合质量要求。

②可行性分析。项目建设前期应当对工程建设的可行性进行深入分析，加强工程技术方案的论证深度，运用科学合理的方法对工程建设的预期效益作出评估，确定项目建设的可行性，为最终的方案选择和决策提供依据。项目的可行性研究直接影响项目的决策质量和设计质量，若项目决策者对项目的可行性分析不充分，导致方案存在隐性质量问题，就会影响以后工程项目的使用。

（2）管理人员。管理人员的素质直接决定对施工过程控制力度的大小及质量水平。管理者对于项目管理没有相关资质，实际工程管理经验不足，质量意识不高，管理能力欠缺，影响工程的建设质量。

①监理资质。监理公司的资质、过往业绩是对其监理人员素质和业务水平的重要参考。若公司提供虚假企业业绩、技术骨干个人业绩、职称证书等虚假材料，靠借调、挂靠注册人员和职称人员获资质，而在实际工程中并不参与，导致项目工程建设出现问题无法处理，影响工程质量。

②实践经验。管理人员实际工程管理经验不丰富，施工过程中遇到的突发事故不知如何处理或处理不得当，容易造成质量隐患。

③质量意识。管理人员对于工程质量的重要性认识不够，质量意识欠缺，或为谋取个人利益，降低质量标准，比如接受施工单位的贿赂，在以后的质量检查中放松要求，这也是目前质量事故频出的一个原因。另外，某些管理人员出于个人的目的向施工单位推荐材料、劳务队伍、机械等，也会造成施工的各种困难并影响施工质量。

④管理能力。监理公司在施工过程中对施工质量、进度、安全、投资等都要进行控制，这就要求监理公司在人员的专业配置上应比较全面，否则就不能较好地进行各项控制，也势必影响工程质量。另外，目前监理公司主要进行施工中的工艺质量控制，但对工期、资金控制权力不大，在拨款审核权上不自主，这些都会因监理控制力不足而对工程质量造成影响。

（3）作业人员。作业人员是工程项目的直接实施人员，也会对工程建设质量造成直接影响。

①技术资质。施工企业的资质、业绩及项目经理人员能力是工程质量的重要影响因素，一个没有水利施工资质的而进入水利施工市场，很难保证其所建项目符合质量标准。另外，施工单位的质量意识，质量管理制度，工程项目管理和质量控制措施，质量管理体系完善情况等对施工质量也有重要影响。

②生产技能。从事施工作业的管理和作业人员施工前没有经过培训，对于水利施工的特点不了解，注意事项不明确，特别是从事特殊作业的人员没有上岗证，没有技术资质，缺乏工程所需的生产技能，影响工程质量。

③生理体能。农田水利项目由于自身特点，部分工程不适合机械操作，建设过程可能为较重的体力劳动，这对施工者的生理体能提出了较高要求，作业者的身体素质也在一定程度上影响了施工操作。

④文化素养。作业人员文化素养不高，容易对于工程项目质量的重要性缺乏概念，心理层面不重视，在施工过程中不认真，应付检查，埋下质量隐患。

2. 材料因素

工程所需的原材料、半成品、构配件等都将成为工程永久性的组成部分，它是工程建设的物质条件，是工程质量的基础，材料质量的好坏直接影响工程产品的质量。

（1）建筑材料。建筑材料的选用、检验、保管以及使用的任何环节出现问题都会最终影响工程质量。建筑材料的供应商是否具有相关材料的营业生产资格，进场原材料、成品、半成品是否检验合格，材料的合格证和试验报告是否符合设计、规范的要求，材料保管使用是否符合规范，都将对工程建设质量产生影响。

（2）工程设备。工程设备是指安装在农田水利工程内控制管理工程运行的机械设备，如水泵、闸门、升降机、拦污栅等，它们形成工程完整的使用功能。农田水利工程建设中工程设备的投资占有很大的比重，工程设备的质量将直接影响工程质量目标的实现。因此，工程设备的供应商应当具有相关资质，设备安装符合规程要求。

3. 技术因素

社会经济的发展对工程项目质量提出了更高的要求，技术水平的提高是工程质量不断提高的内生动力，它不仅在于个别工程质量主体的技术水平提高，而且在于水利建设行业整体技术水平的提高。

（1）勘察设计。勘察设计是一个工程的基础，如果设计存在缺陷或设计不完善对工程的质量会造成直接影响。设计的方案在技术上是否可行、工艺是否先进、经济上是否合理、设备是否配套、结构是否安全可靠等，都将决定水利工程项目建成后的使用价值和功能。另外，设计院的资质及过往业绩代表其实力的强弱，也代表其形成设计质量潜力的大小，设计人员的职称、设计经验、以往的业绩、对工作的态度都将直接影响设计质量。

（2）施工。施工是工程项目实体形成的阶段，施工技术是工程建设质量控制的重点，也是影响工程质量的重要因素。施工技术包括在建设工程实体过程中所采用的施工方案、施工工艺和操作方法。在施工前制定全面可行的施工方案，才能保证工程建设的顺利实施；对新材料、新工艺、新技术、新设备进行质量鉴定和施工工艺的组织论证；施工操作应符合流程，严格遵照规范要求。

（3）机械设备。机械设备主要包括施工机械和检测设备。施工机械主要是指施工过程中使用的各类机具设备，包括大型垂直与横向运输设备、各类操作工具、各种施工安全设施等；检测设备主要指各类测量仪器和计量器具等。施工机具设备应当具备稳定的性能，操作简单安全且维修方便，数量配备满足工程要求。另外，施工过程中配备检测设备和制定检测制度，对于保障工程实体质量具有重要意义。

4.管理因素

影响建设工程项目质量的管理因素，主要有决策因素和组织因素。

（1）决策因素。决策因素首先是工程项目决策，其次是工程建设过程中的各项技术决策和管理决策。农田水利工程建设要经过深入的论证分析，明确工程建设目标，而盲目建设或者重复建设，工程建成后无法发挥效益，造成极大的浪费。另外，在整个项目建设过程中，肯定会出现设计或者施工方面的问题，所以，建设方、监理方、施工方及设计单位应当保持良好的沟通与联系，根据实际情况作出合理的决策，及时解决施工中出现的问题。

（2）组织因素。管理因素中的组织因素，可以分为管理组织和任务组织。

管理组织包括工程建设管理的机构设置、管理制度和运行机制，三者有机的结合确保工程建设的顺利实施以及质量目标的实现；任务组织包括对工程建设任务的分解、发包和委托过程，以及实施任务进行的计划、指挥、协调、检查、监督等过程。

5. 环境因素

项目建设的决策、立项和实施，受到经济、政治、社会、技术等多方面因素的影响。这些因素就是建设项目可行性研究、风险识别与管理所必须考虑的环境因素，对这些环境条件的认识与把握，是保证建设工程项目质量的重要工作环节。

（1）经济环境。

① 经济发展水平。经济发展水平影响建设项目的投资需求和消费需求，国家的宏观经济和当地的微观经济也间接影响建设项目质量。

② 资金投入。资金投入的多少直接影响项目的建设标准，由于建设资金的不足，在招标过程中选择低价中标，而中标方为了自身的经济利益，必将降低质量成本的投入，从而导致质量标准降低，工程质量问题在所难免。另外，后期工程运行阶段缺乏资金维护使工程难以维持在较高的质量水平，导致小的质量问题逐渐发展成为大的质量问题。

③ 市场规范化程度。由于急功近利的市场行为，忽视了项目建设本身的特性及规律，如强行倒排工期之类的行为，建设市场发育程度不高，交易行为不规范，建设市场内部缺乏质量氛围、质量风气，都影响着工程质量的形成。

（2）政治环境。

① 政府监督。政府监督是保证工程建设质量的重要保障，政府监督的规范化程度及监督的力度，对于引导工程质量的提高具有积极的推动作用。

② 法规规范。国家和地方的制度和法律能对各方的质量行为产生强制约束作用，从外部影响工程质量的形成。

（3）工程环境。对于建设工程项目质量控制而言，直接影响建设工程项目质量的环境因素，一般是指建设工程项目的工程环境，工程环境又包括工程技术环境、工程管理环境、工程劳动环境及周边环境，其对工程项目质量影响因素较多，有时会对质量产生重大影响，且具有复杂多变的特点。

① 工程技术环境。工程技术环境对工程质量的影响主要表现为各种地质缺陷，地下水位变化及气象条件对工程质量和安全造成影响，气象状况影响施工条件，比如，冬季施工极易引起工程质量问题，埋下质量隐患。

② 工程管理环境。工程管理环境的影响体现在施工单位的质量管理体系和质量控制自检系统是否良好，系统的组织结构、管理制度、检测制度、检测标准、人员配备等方面是否完善，质量责任制是否落实。

③工程劳动环境。工程劳动环境的影响表现在施工作业面大小是否满足要求，风水电、安全防护设施是否落实、施工场地条件及交通运输等是否满足工程顺利进行。

④ 周边环境。周边环境，如工程邻近的地下管线、道路、建筑物等影响工程施工的进行。根据上述的评价内容建立评价指标体系，评价指标分为三级，Ⅰ级指标 5 个、Ⅱ级指标 13 个、Ⅲ级指标 37 个。

（二）评价指标的取值

农田水利工程建设质量指标评价体系中，对指标的取值有以下三个要求：

（1）指标的量纲应统一。

（2）指标的评判标准应同趋势。

（3）为了便于评价，指标值的隶属度应统一。

根据上述要求，对评价指标作如下处理：

① 指标的量纲：采用无量纲指标值，本研究建立的农田水利工程建设质量评价体系中的指标都是无量纲指标。

② 指标同趋势处理：本研究建立的指标趋势相同，均为越大越好，因此不作处理。

（三）评价模型的建立

灰色系统理论（Grey System Theory）是 1982 年由我国学者邓聚龙教授提出的，30 多年来，关于模型技术的研究十分活跃，新的研究成果不断涌现。邓聚龙教授提出的变权灰色聚类模型（邓聚龙，1986）和刘思峰提出的定权灰色聚类评估模型（刘思峰，1993）、基于端点三角白化权函数的灰色聚类评估模型（刘思峰，

2006）、基于中心点三角白化权函数的灰色聚类评估模型（刘思峰，2011）等均得到广泛应用。戴然将三角白化权函数运用到水利工程评价，并以某水电站为例，进行验证分析，结果表明模型具有很高的精确性和可靠性，适宜对水利工程进行评价（戴然，2009）。本文中的农田水利工程质量评价采用刘思峰的改进三角白化权函数评估模型（刘思峰，2013）。

（四）评价指标权重的确定

各因素指标的权重代表该指标在整个质量评价体系中重要性的大小。本文采用的层次分析法对各级指标进行分析，并通过计算得到每个指标的权重，为了减少专家个人主观因素对指标权重的影响，本文在研究中采取了不同领域多位专家填写判断矩阵并计算算术平均值的方法，在一定程度上减小了专家个人主观因素的影响，并结合了不同领域专家的意见，能够比较客观地反映不同指标的权重。

（五）评价主体选择

评价主体是评价活动中的重要参与者，评价主体应当规范、独立、客观、公正地对工程项目进行评价，不受他人意愿的干扰。为充分提高工程质量评价的水平和保证公正性，质量评价活动应当采取政府主导的方式，由水行政主管部门组成农田水利工程质量评价的专家库，针对具体的工程项目以随机方式从专家库中抽取与拟建工程无经济利益关系的专家组成评价专家组。这种政府行为的质量评价能够摆脱投资者或者建设单位的干预及影响，使得工程质量评价收到实效。

三、农田水利工程质量评价

（一）评价指标体系的建立

结合前述的 AHP 层次分析模型，我们建立农田水利建设质量评价为总目标层（A），人员、材料、技术、管理、环境为Ⅰ级指标层（B），以决策者、管理者、作业者、建筑材料等 13 个因素为Ⅱ级指标层（C），以最佳方案选取、可行性分析、管理资质等 37 个因素为Ⅲ级指标层（D）。

（二）评价指标灰类阈值

按照农田水利工程质量评分标准运用专家打分法对Ⅲ级指标进行打分，通过多位专家打分的算数平均值作为工程质量评价的最终评分值。将农田水利工程质量评价指标划分为5个评价灰类，即灰类 k=1，2，3，4，5。其分别表示农田水利工程质量属于优级、良级、中级、差级、极差级。每个灰类的取值范围分为5个区间，[a1，a2），[a3，a4），[a5，a6），[a7，a8），[a9，a10]=[0，20），[20，40），[40，60），[60，80），[80，100]，对应的分值评价等级。

当前水利工程质量评价的研究大多集中于重大高标准水利项目，部分关于中小型水利工程质量的评价也大多只关注施工阶段的工程实体质量，针对目前现状结合前期对于工程质量影响因素的研究，建立了基于全寿命周期角度的工程质量评价模型，在一定程度上补齐了农田水利工程质量评价的短板，对于把握农水工程质量问题的发展趋势，持续提高工程建设质量具有重要意义。

本文针对农田水利工程项目存在的质量展开调查，发现农田水利工程的质量问题存在于工程建设的各个阶段，本文基于全寿命周期的角度对影响农田水利工程质量的影响因素进行系统分析，通过层次分析判断矩阵，分析各质量影响因素的权重，根据重要性对影响因素进行分类，并利用模糊分析的方法，建立了基于全寿命周期的农田水利工程质量评价模型，为农田水利工程质量的评价和提高提供一定的依据。

本文的主要研究成果有如下方面：

（1）通过对当前农田水利工程存在的问题展开调查，明确了农田水利工程建设存在的质量问题，对问题的统计分析发现，农田水利工程的质量问题存在于工程建设的各个环节，包括项目决策阶段、勘察设计阶段、施工阶段及运行维护阶段，并且运行维护阶段是出现问题最多的阶段，其原因主要有两个：

一是农田水利工程的权责不明确、后期维护制度不健全导致工程建设完成后缺乏有效管理；

二是由于项目决策、施工及勘察设计阶段的质量控制不到位，导致问题在运行维护阶段集中出现。

（2）在对农田水利工程质量问题调查的基础上，基于全寿命周期的角度，利用专家调查法，对影响农田水利工程质量的因素进行收集整理，最终确定37个影响因素，基本覆盖了农田水利工程建设的各个阶段，通过层次分析法计算

37个影响因素的权重值，并按照 ABC 分类法分为 A 类重要因素、B 类次要因素及 C 类一般因素、在农田水利工程建设过程中应当重点监控 A 类因素，B 类因素次之，对于有针对性地控制工程建设质量具有较强的指导作用。

（3）利用模糊综合评价的方法，结合上述农田水利工程质量影响因素建立了基于全寿命周期角度的工程质量评价方法，在一定程度上弥补了农田水利工程评价的短板，对于把握农田水利工程质量问题的发展趋势，持续提高农田水利工程的建设质量具有重要意义。

第八章 水利工程项目质量监督管理

第一节 文献综述

一、国内研究现状

从整体看，国内工程质量监督管理理论研究还处于起步阶段，近年来，各界人士开始重视这方面的研究。

孟宪海通过对美国、法国、德国、新加坡和日本的工程质量监督管理模式的比较分析，针对我国工程质量管理中存在的弊端，提出加快建设工程质量管理体制改革，建议完善我国工程建设法律体系，逐步推行工程质量担保和保险制度，国家主导大力推行建筑业质量管理和质量保证系列标准。

王素卿和赵宏彦通过对英、德两国的考察，认为我国的质量安全监督管理体制与国际惯例基本上是一致的，提出工程保险是工程风险管理的主要措施，质量监督站与施工图审查中心应整合，从而精简人员，提高素质。郭汉丁通过对美国、英国、德国、法国、日本和新加坡等发达国家建设工程质量监督管理体系的研究和分析，建议我国政府应转变职能，恢复执法地位，进一步健全我国工程质量相关配套的法律法规体系，建立健全包括建设主体质量保证体系、建设监理与工程保险在内的社会监督保证体系、建设工程质量政府监督管理体系的三大体系，改善监管手段和方法。同时，对政府质量监督机构与建设主体行为进行了博弈分析，认为质量监督机构要进一步提高建设工程质量监督管理的有效性，保障工程质量，就必须培养共同的主体价值观，改善监督管理信息传输渠道、方法和效率，强化建设主体信誉约束力及发挥社会监督作用。

二、国外研究现状

建设工程质量实施政府监督管理是国际惯例。市场经济发展较成熟的国家，已经积累了工程质量监督管理丰富的经验，基本形成了与市场经济体制相适应的相关法律、法规体系和监督管理制度，建立了较为完善的工程质量监督管理三大体系、符合其国情的工程质量监督管理体制和运作有效的管理机制，有效地维护了工程质量的公众和国家利益。

从发达国家建设工程质量政府监督管理实践发展看其研究特征，可归纳为以下几点：一是行业协会、专业组织、专业人士积极服务于行业发展，主动承担起相关研究的重任，对于规范行业行为，加强行业自律，提高行业社会地位，推动政府监督管理体制改革起着不可替代的作用。二是以体系完整、制度健全实现建设工程质量政府监督管理的有效性。发达国家大部分都有完整的法律、法规体系，完善的建设工程质量监督管理体系和良性运行机制是建设工程质量政府监督管理有效性的基础，健全的规章制度不断推动建设工程质量政府监督管理行为的规范化、制度化和法治化。三是有效地利用市场手段和经济手段提高建设主体质量意识，增强建设主体质量责任心，强化建设主体和社会监督机构的质量监督保证能力，创造公开、公平的良性竞争环境，对于保证建设工程质量起着决定性作用。四是坚持实用性原则，注重可操作性研究，遵循实践第一，寻求实践规律，然后使其规范化、制度化、法治化，充分发挥一线人员的积极性和创造性，使法律、法规的形成来源实践，服务实践，推动实践。五是强化国际市场研究，不断提高行业的国际地位和国际市场竞争能力。主要表现在积极宣传学习国外相关法律、法规，努力开拓国际市场；广泛开展国际学术交流，增强交往，相互渗透；注重法律、法规的国际互认和广泛的适用性，增强法律、法规的国际市场约束力。

Robert P.Elliott 提出了高质量建设工程的获得需要最高监督管理者的激励承诺，"激励是质量之源"，这是研究建设主体质量行为活动特征的总结。通过有效的激励措施激发建设主体保证质量的能动性，使建设主体和社会监督机构建立健全质量保证和质量监督管理体系，规范他们的质量行为、质量转化过程，实现建设工程产品质量目标。

Jim Ernzen 和 Tom Feeney 提出以承包商为主导的质量控制和质量保证体系，科学地回答了谁在关注质量的问题，对承包商进行质量激励措施，可以增强提高质量的动力。

Briam M.Killingsworth 和 Chuck S.Hughes 在研究工程质量监督管理使用许可评价时，提出了风险分担的观点，这是从另一视角研究工程质量监督管理改革中的经济性问题，把风险和监督成本有机地联系起来，政府监督管理愿意承担风险的程度决定着监督管理的深度和投入，提高建设主体和社会监督的质量保证能力是降低政府监督管理风险的有效途径。

Robert K.Hughes 和 Samir A.Ahmed 提出建设过程中主体和监督人员的素质是实现质量的核心，把对各层次人员培训评价作为有效落实 QA-QC(Quality Assurance-Quality Control) 体系的重要环节，认为对质量人员的评价是最有价值的评价，详细地阐述了各类质量人员培养计划和统计评价模型，并进行了实验研究。

Robert P.Elliott 提出质量保证体系不断发展和合理有效利用的前提就是高度重视建设主体和监督主体质量人员培训。

Donme E.Hancher 和 Seane E.Lamberl 提出基于质量的建设主体认证问题，把建设主体建设活动中的质量安全行为纳入认证评价中，这些都揭示了"以人为本"的质量监督管理思想。

第二节　建设工程质量监督管理

一、工程质量监督管理的内涵

工程质量管理，在采取各种质量措施的保障下，通过一定的手段，把勘察设计、原材料供应、构配件加工、施工工艺、施工设备、机械及检验仪表、机具等可能的质量影响因素、环节和部门，予以组织、控制和协调。这样的组织、控制和协调工作，就是工程(产品)质量管理工作。

质量监督是一种政府行为，通过政府委托的具有可信性的质量监督机构，在质量法律法规和强制性技术标准的有力支撑下，对提供的服务质量、产品质量、工程质量及企业承诺质量实施监督的行为。

质量监督管理是对质量监督活动的计划、组织、指挥、调节和监督的总称，是全面、全过程、全员参与的质量管理。全面管理是对业主、监理单位、勘察单位、设计单位、施工单位、供货商等工程项目参与各方的全面质量管理；全过程管理是从项目产生开始，从项目策划与决策的过程开始，至工程回访维修服务过程等为止的项目全寿命周期的管理；全员参与质量管理是在组织内部每个部门每个岗位都明确相应的质量职能和质量责任，将质量总目标逐级分解，形成自下而上的质量目标保证体系。

质量监督就是对在具体工作获得的大量数据进行整理分析，形成质量监督检查结果通知书、质量监督检查报告、质量等级评定报告等材料，反馈给相关决策部门，以便对发现的质量缺陷或者质量事故进行及时处理。根据法律赋予的职责权限，对违法行为对象给予行政或经济处罚，严重者送交司法部门处理。监督是工作过程，是保证工程质量水平的有效途径，监督的直接目的是查找质量影响因素，最终目的是实现工程项目的质量目标。

二、工程质量监督管理体制构成

工程质量监督体系是指建设工程中各参加主体和管理主体对工程质量的监督控制的组织实施方式。体系可以分为三个层次，政府质量监督在这个体系的最上层，业主及代表业主进行项目管理的监理或其他项目管理咨询公司的质量管理体系属于第二层次；其他工程建设参与方包括施工、设计、材料设备供应商等自身的质量监督控制体系属于第三层次。工程质量政府监督的内容包含对其他两个层次的监督，是最重要的质量监督层次。

我国实行的是政府总体监督，社会第三方监理，企业内部自控三者结合的工程质量监督体系。工程质量监督管理体系的有效运转是工程项目质量不断提高的重要保证。

根据我国《建筑法》《建设工程质量管理条例》《水利工程质量监督管理规定》等，政府对工程质量实行强制性监督。国务院建设行政主管部门对全国的建设工程质量实施统一监督管理。国务院铁路、交通、水利等有关部门按照国务院规定的职责分工，负责对全国的有关专业工程质量的监督管理。

县级以上地方人民政府建设行政主管部门对本行政区域内的工程质量实施监督管理。县级以上地方人民政府交通、水利等有关部门在各自的职责范围内，负责对本行政区域内的专业建设工程质量的监督管理。

三、我国建设工程质量监督管理沿革

新中国成立以来，工程项目质量监管工作随着我国经济社会的改革发展，不断转变监督机构职能，调整监督内容、监督手段等，强化自身建设，完成了从无到有，从单一到多元，不断探索、逐步完善的发展历程。

（一）施工企业内部自我管理的阶段

从 1949 年新中国成立，到 20 世纪 50 年代，即我国第一个五年计划时期。当时我国正处于高度的计划经济时期，实行的是单一的施工单位内部质量检查管理制度。实行的是政府指令式运行模式，政府发出建设指令并拨付资金，下属单位接受施工任务指令进行施工。预算造价制度尚未建立，工程资金建设材料都按照实际情况拨付。工程项目参建各方是行政指令的执行者，只具有执行命令的义务，当时的工程建设属于政府行政管理的模式，各部门各自为政并没有形成统一的质量标准。新中国成立初期的工程技术水平有限，专业意识不高，建设单位绝大部分是非专业部门，主要领导负责人也是非建设专业人员，工程质量取决于施工单位自身的质量控制，政府对工程项目参与各方实行单项行政管理。此时，国家虽然已经具有初步的质量意识，但统一规范的工程质量评定标准尚未形成，仍然延续着施工企业集施工与质量检查于一身的模式，进度仍然超越质量是政府与施工单位最重视的方面，使工程质量检查工作不能有效地展开。

（二）双方相互制约的阶段

1958—1962 年，我国第二个五年计划期间，随着工程项目逐渐增多，施工企业内部的管理机制不能有效约束工程质量，当工期与质量相矛盾时，多强调工期而放弃对质量的要求。1963 年颁发了《建筑安装工程监督工作条例》，明确要求企业实行内部质量自检制度。同时，我国逐渐形成建设单位负责隐蔽工程等重点部位，施工企业负责一般部位质量检查的联手控制质量又相互约束的质量监督管理局面，标志着我国进入第二份建设单位质量检查验收制度，即建设单位检查验收制度的阶段。

（三）建设工程质量监督制度形成

20 世纪 80 年代以来，我国进入改革开放的新时期，经济体制逐渐转轨，工

程建设的商品属性强化了建设参与者之间的经济关系，建设领域的工程建设活动发生了一系列重大变化，投资开始有偿使用，投资主体开始出现多元化；建设项目实行招标承包制；施工单位摆脱了行政附属地位，向相对独立的商品生产者转变；工程建设者之间的经济关系得到强化，追求自身利益的矛盾日益突出。这种格局的出现，使得原有的工程建设管理体制由于各方建设主体经济利益的冲突越来越不适应发展的要求，已经无法保证基本建设新高潮的质量控制需要。工程建设单位缺乏强有力的监督机制，工程质量隐患严重，单一的施工单位内部质量检查制度与建设单位质量验收制度，无法保证基本建设新高潮的质量控制需要。

《关于试行〈建设工程质量管理条例〉的通知》和《关于改革建筑业和基本建设管理体制若干问题的暂行规定》两个文件的颁布实施，标志着我国正在为适应商品经济对建设工程质量管理的需要，改变我国工程质量监督管理体制存在的严重缺陷，决定改革工程质量监督办法，我国建设工程质量管理开始进入政府第三方监督阶段。

1985年2月5日，建设部颁发《建设工程质量监督站工作暂行规定》，1986年3月11日国家计委联合中国人民建设银行发布了（计施〔1986〕307号）《关于工程质量监督机构监督范围和取费标准的通知》，1987年5月3日城乡建设环境保护部（87）城建字第261号《关于印发〈建筑工程质量监督站工作补充规定〉的通知》，确立了建筑工程质量监督站是当地政府履行工程质量监督的专职执法机构，质监站实行站长负责制。

我国建立了政府第三方监督制度，完成了向专业技术质量监督的转变，使我国的工程项目质量监督又提升了一个新的台阶。

（四）社会监督制度加入阶段

在建设工程上，由建设单位委托具有专业技术专家的监理公司按国际合同惯例委派监理工程师，代表建设方进行现场综合监督管理，对工程建设的设计与施工方的质量行为及其效果进行监控、督导和评价；并采取相应的强制管理措施，保证建设行为符合国家法律、法规和有关标难。1988年7月，建设部成立了建设监理司，同年11月，建设部发出了《关于开展建设监理工作的通知》，开始推行建设监理试点工作。从1996年起，开始在全国范围内，全面推行建设监理制度，从此，建设监理制在中国建设领域开始探索和逐步发展起来。

1997年，《建筑法》颁布，明确规定强制推行建设工程监理制度《工程建设监理单位资质管理试行办法》《工程建设监理取费有关规定》《工程建设监理合同文本》《监理工程师资格考试和注册试行办法》《工程建设监理规定》及各地方主管部门的建设工程监理实施细则等法律法规在这个时期也先后出台。在短时间内明确规定了建设工程监理的组织构架、行为准则、监理与建筑领域其他主体间的权责利、义务执行程序等细节内容，初步构建了符合我国国情的建设监理制度。

社会监理制度的建立，标志着我国工程建设质量监督体制开始走向更完善的政府监督和社会监理相结合阶段。

2000年《建设工程质量管理条例》明确了在市场经济条件下，政府对建设工程质量监督管理的基本原则，确定了施工许可证、设计施工图审查和竣工验收备案制；2008年5月，中华人民共和国住房和城乡建设部、国家工商行政管理局联合发布《建设工程监理合同示范文本（征求意见稿）》，进一步使政府监督实现了从微观监督到宏观监督、从直接监督到间接监督、从实体监督到行为监督、从质量核验制到备案制的四个转变。

第三节　水利工程项目质量监督管理

一、水利工程项目特点分析

水利工程是具有很强综合性的系统工程。水利工程，因水而生，是为开发利用水资源、消除防治水灾害而修建的工程。为达到有效控制水流，防止洪涝灾害，有效调节分配水资源，满足人民生产生活对水资源需求的目的，水利工程项目通常是由同一流域内或者同一行政区域内多个不同类型单项水利工程有机组合而形成的系统工程，单项工程同时需承担多个功能，涉及坝、堤、溢洪道、水闸、进水口等多种水工建筑物类型。例如，为缓解中国北方地区尤其是黄淮海地区水资源严重短缺，通过跨流域调度水资源的南水北调战略工程。

水利工程一般投资数额巨大，工期长，工程效益对国民经济影响深远，往往是国家政策、战略思想的体现，多由中央政府直接出资或者由中央出资，省、市、县分级配套。

工作条件复杂，自然因素影响大。水利工程的建设受气象、水文、地质等自然环境因素影响巨大，如汛期对工程进度的影响。我国北方地区通常每年8—9月为汛期，6—8月为主汛期。施工工期跨越汛期的工程，需要制定安全度汛专项方案，以便合理安排工期进度，若遇到丰水年，汛期提前到来，为完成汛前工程节点，需抢工确保工程进度。

按照功能和作用的不同，水利工程建设项目可划分为公益性、准公益性和经营性三类。本文主要研究的是具有防洪、排涝、抗旱、水土保持和水资源管理等功能的公益性水利工程。

水利工程实行分级管理。水利部：部署重点工程的组织协调建设，指导参与省属重点大中型工程、中央参与投资的地方大中型工程建设的项目管理；流域管理机构：负责组织建设和管理以水利部投资为主的水利工程建设项目，除少数由水利部直接管理外的特别重大项目其余项目；省（直辖市、自治区）水行政主管部门：负责本地区以地方投资为主的大中型水利工程建设项目的组织建设和管理。

二、水利工程质量监督管理现状

（一）水利工程质量监督管理机构设置

1986年，原水利电力部(1988年组建水利部)成立了水利电力工程质量监督总站，标志着水利工程质量监督机构的成立。

1997年，水利部进一步明确了水利工程质量监督机构的性质和任务，将水利工程质量监督工作扩大到各类水利工程项目。根据水利部《水利工程质量监督管理规定》(水建〔1997〕339号)、《水利工程质量管理规定》(1997年12月21日水利部令第7号)，水利工程质量监督机构按总站、中心站、站三级设置。

水利水电规划设计管理局设置水利工程设计质量监督分站，各流域机构设置流域水利工程质量监督分站作为总站的派出机构。

水利部负责全国水利工程质量管理工作。各流域机构受水利部的委托负责本流域由流域机构管辖的水利工程的质量管理工作，指导地方水行政主管部门的质量管理工作。各省（自治区、直辖市）水行政主管部门负责本行政区域内水利工程质量管理工作。水利工程按照分级管理的原则由相应水行政主管部门授权的质量监督机构实施质量监督。

专业站的设置。专业站成立的初期，是为满足实际工作需要，由水利工程质量监督中心站以下设立专业站，以便对在一定时期内本行政区域内集中开展的特定水利工程项目进行统一集中质量监督管理。工程建设结束后，专业站即撤销。专业站可由水利工程质量监督中心站设置，也可由中心站与监督站联合设置。2010 年，对专业站进行调整完善，在原来针对某项工程的临时性专业站，改为常设专业站，成为水利工程监督机构的内设机构，如农村水利工程质量与安全监督专业站。

国家倡导成立项目站，除国家规定必须设立质量监督项目站的大型水利工程外，其他水利工程项目也应成立水利工程建设质量与安全项目站。近几年，水利工程建设项目数量繁多，建设任务繁重，现有的质量监督机构已经无法应对质量监督管理工作，国家开始倡导在有需要的县（市、区）建立质量监督管理机构。2011 年，为贯彻落实国务院《关于加快水利改革发展的决定》（中发〔2011〕1 号）文件精神，水利部制定了《关于贯彻落实 2011 年中央一号文件和中央水利工作会议精神进一步加强水利建设与管理工作的指导意见》，提出县级水行政主管部门可设立水利工程质量监督机构。水利工程质量监督四级框架初步形成。

目前，我国水利工程质量监督采取的监督网络并未完全对县区进行覆盖，在实际工作中发现，作为与农业生产人民生活密切相关的基础设施工程，水利工程分布较多的县区，质量监督管理力量反而较为薄弱。截至 2013 年，山东省 17 地市中，仅有 72 个县建立了质量监督机构。

（二）水利工程质量监督管理体系

目前，我国实行的是项目法人负责、监理单位控制、勘察设计和施工单位保证、政府部门监督相结合的质量管理体系。

各级水利工程质量监督机构作为水利行政主管部门的委托单位，是对水利工程质量监督管理的专职单位，对水利工程项目实行强制性监督管理，对项目法人、监理、施工、设计等责任主体的质量行为开展质量监督管理工作，对工程实体质量的监督则通过第三方检测数据作为依据。

项目法人(或建设方)和代表其进行现场项目管理的监理单位是对工程项目建设全过程进行质量监督管理。项目法人对项目的质量负总责,监理单位代表项目法人依据委托合同在工程项目建设现场对工程质量等进行全过程控制。项目法人对监理、设计、施工、检测等单位的质量管理体系建立运行情况进行监督检查。施工、设计、材料和设备供应商按照"谁设计谁负责;谁施工谁负责"的质量责任原则建立内部质量控制管理体系,保证工程质量。检测单位按照委托合同对工程实体、材料、设备等进行检测,形成检测结论报告,作为工程项目质量监督管理的依据。检测单位对检测报告的质量负责。

(三)水利工程质量监督管理相关制度

改革开放以来,经过多年的补充完善,我国在水利工程项目建设中实行项目法人责任制、招标投标制度、建设监理制度、市场准入制度、企业经营资质管理制度、执业资格注册制度持证上岗制度,推进信用体系建设,用完善有效的制度体系,增强监督管理能力,规范质量行为,提高质量监督管理工作的效能,保证监督工作顺利进行。

(四)水利工程质量监督管理依据

经过不断的修改完善,目前水利工程质量监督管理的法律法规体系正在不断完善。大体可分为三个层次:

(1)法律法规及部门规章:《建筑法》《水法》《水土保持法》《招标投标法》《防洪法》《建设工程质量管理办法》《建筑工程质量管理条例》《建筑工程质量监督条例》《实施工程建设强制性标准监督规定》《建设工程质量保修条例》《施工企业质量管理规范》《施工现场工程质量管理制度》《水利工程质量管理规定》《水利工程质量监督管理规定》《水利工程质量检测管理规定》等。

(2)地方规定:《山东省水利建设项目项目法人管理办法》《山东省水利厅关于加强水利工程质量监督和验收管理工作的通知》《济宁市水利工程质量监督实施细则》等。

(3)水利行业规范、质量标准:《水利水电工程施工质量检验与评定规程》(SL

17—2007)、《水利水电建设工程验收规程》(SL 223—2008)、《工程建设标准强制性条文》(水利工程部分)(建标〔2004〕103号)、《水工混凝土施工规范》《水闸施工规范》《水工混凝土外加剂技术规程》等。

此外,经过水行政主管部门批准的可行性研究报告、初步设计方案、地质勘察报告、施工图设计等;项目法人与监理、设计、施工、材料和设备供应商、检测单位签订的合同(或协议)文件等也是进行水利工程项目质量监督管理的依据。

三、水利工程项目不同阶段质量监督管理

2013年,国务院印发《关于取消和下放一批行政审批项目等事项的决定》(国发〔2013〕19号),取消了水利工程开工的行政许可审批。为保障水利工程建设质量,水利部印发《关于水利工程开工审批取消后加强后续监管工作的通知》(水建管〔2013〕331号),将原有的水利工程开工审批,改为开工备案制度,规定水利工程项目具备开工条件后,项目法人即可决定工程开工时间,但需在开工之日起15个工作日内,以书面形式将开工情况向项目主管单位及上级主管单位进行备案。办理质量监督手续,签订《水利工程质量监督书》是水利工程项目开工必须具备的条件。

(一)施工前的质量监督管理

办理工程项目有关质量监督手续时,项目法人应提交详细完备的有关材料,经过质检人员的审查核准后,方可办理。包括:① 工程项目建设审批文件;② 项目法人与监理、设计、施工等单位签订的合同(或协议)副本;③ 建设、监理、设计、施工等单位的概况和各单位工程质量管理组织情况等材料。质监人员对相关材料进行审核,准确无误后,方可办理质量监督手续,签订《水利工程质量监督书》。工程项目质量监督手续办理及质量监督书的签订代表着水利工程项目质量监督期的开始。质量监督机构根据工程规模可设立质量监督项目站,常驻建设现场,代表水利工程质量监督机构对工程项目质量进行监督管理,开展相关工作。项目站人员的数量和专业构成,由受监项目的工作量和专业需要进行配备。一般不少于3人。项目站站长对项目站的工作全面负责,监督员对站长负责。项目站组成人员应持有"水利工程质量监督员证",并符合岗位对职称、工作经历等方面的要

求。对不设项目站的工程项目，指定专职质监员，负责该工程项目的质量监督管理工作。项目站与项目法人签订《水利工程质量监督书》以后，即进驻施工现场开展工作。对一般性工作以抽查、巡查为主要工作方式，对重要隐蔽工程、工程的关键部位等进行重点监督；对发现的质量缺陷、质量问题等，及时通知项目法人、监理单位，限期进行整改，并要求反馈整改情况；对发现的违反技术规范和标准的不当行为，应及时通知项目法人和监理单位，限期纠正，并反馈纠正落实情况；对发现的重大质量问题，除通知项目法人和监理单位外，还应根据质量事故的严重级别，及时上报。项目站以监督检查结果通知书、质量监督报告、质量监督简报的形式，将工作成果向有关单位通报上报。

项目站成立后，按照上级监督站（中心站）的有关要求，制定本站的有关规章制度，形成书面文件报请上级主管单位审核备案。主要包括：质量监督管理制度、质检人员岗位责任制度、质量监督检查工作制度、会议制度、办公规章制度、档案管理制度等。

为规范质监行为，有针对性地开展工作，项目站根据已签订的质量监督书，制定质量监督实施细则，广泛征求各参建单位意见后报送上级监督站审核。获得批准后，向各参建单位印发，方便监督工作开展。

《质量监督计划》和《质量监督实施细则》是质量监督项目站在建站初期编制的两个重要文件。《质量监督计划》是对整个监督期的工作进行科学安排，明确了时间节点，增强了工作的针对性和主动性，避免监督工作的盲目性和随意性，强调了工作目标，大大提高了工作效率。《质量监督实施细则》是《质量监督计划》在具体实施工程中的行为准则，也是项目站开展工作的纲领性文件，对质量监督检查的任务、程序、责任，对工程项目的质量评定与组织管理、验收与质量奖惩等作出明确规定。《质量监督计划》和《质量监督实施细则》在以文件形式印发各参建方以前，需要向各单位广泛征求意见，修改完善后报上级监督站审核批准。《质量监督计划》在实施过程中，根据工程进展和影响因素及时调整，并通报各有关单位。

除制定质监工作的规章制度和两个重要文件以外，项目站的另一项重要工作就是对施工、监理、设计、检测等企业的资质文件进行复核，检查是否与项目法人在鉴定监督书时提供的文件一致，是否符合国家规定；检查各质量责任主体的质量管理体系是否已经建立，制度机构是否健全；还需检查项目法人是否已经认真开展质量监督工作。

在取消开工审批，实行开工备案制度后，监督项目法人按规定进行开工备案，也是项目站的一项重要工作。项目施工前，项目站的主要工作内容包括对各参建企业资质的复核，对包括项目法人在内的各单位的质量管理组织、体系的检查，对项目法人质量责任履行情况的监督检查等。

（二）施工阶段的质量监督管理

工程开工后到主体工程施工前，质量监督管理的主要工作内容是对项目法人申报的工程项目划分进行审核确认。工程项目划分又称质量评定项目划分，是由项目法人组织设计、施工单位共同研究制定的项目划分方案，将工程项目划分单位工程、分部工程，并确定单元工程的划分原则。项目站依据《水利水电工程施工质量检验与评定规程》（CSL 176—2007）中的有关规定进行审核确认，报送上级监督站批复，方案审核通过后，项目法人以正式文件将划分方案通报各参建单位。项目划分在项目质量监督管理中占有重要地位，其结果不仅是组织进行法人验收和政府验收的依据，也是对工程项目质量进行评定的基本依据。

主体工程施工初期，质量监督管理的工作重点对项目法人申报的建筑物外观质量评定标准进行审核确认。项目站审核的依据包括《水利水电工程施工质量评定表》中"单位工程外观质量评定表"、设计文件、技术规范标准及其他文件要求，结合本项目特点和使用要求，并参考其他已验收类似项目的评定做法。建筑物外观质量评定标准是验收阶段进行工程施工质量等级评定的依据。

在主体工程施工过程中，主要监督项目法人质量管理体系、监理单位质量控制体系、施工单位质量保证体系、设计单位现场服务体系及其他责任主体的质量管控体系的运行落实情况。着重监督检查项目法人对监理、施工、设计等单位质量行为的监督检查情况，同时，对工程实物质量和质量评定工作不定期进行抽查，详细对监督检查的结果进行记录登记，形成监督检查结果通知书，以书面形式通知各单位；项目站还要定期汇总监督检查结果并向派出机构汇报；对发现的质量问题，除以书面形式通知有关单位以外，还应向工程建设管理部门通报，督促问题解决。

工程实体质量的监督抽查，尤其是隐蔽工程、工程关键部位、原材料、中间产品质量检测情况的监督抽查，作为项目质量监督管理的重中之重，贯穿整个施工阶段。对已完工程施工质量的等级评定既是对已完工程实体质量的评定，也是对参建各方已完成工作水平的评定。工程质量评定的监督工作是阶段性的总结，能够及时发现施工过程中的各种不利影响因素，便于及时采取措施，对质量缺陷和违规行为进行纠正整改，能够使工程质量长期保持平稳。

（三）验收阶段的质量监督管理

验收是对工程质量是否符合技术标准达到设计文件要求的最终确认，是工程产品能否交付使用的重要程序。依据《水利工程建设项目验收管理规定》，水利工程建设项目验收按验收主持单位性质不同分为法人验收和政府验收。在项目建设过程中，由项目法人组织进行的验收称为法人验收，法人验收是政府验收的基础。法人验收包括分部工程验收、单位工程验收。政府验收是由人民政府、水行政主管部门或其他有关部门组织进行的验收，包括专项验收、阶段验收和竣工验收。根据水利工程分级管理原则，各级水行政主管部门负责职责范围内的水利工程建设项目验收的监督管理工作。法人验收监督管理机关对项目的法人验收工作实施监督管理。监督管理机关根据项目法人的组建单位确定。

在工程项目验收时，工程质量按照施工单位自评、监理单位复核、监督单位核定的程序进行最终评定。按照工程项目的划分，单元工程、分部工程、单位工程、阶段工程验收，每一环节都是下一步骤的充要条件，至少经过三次检查才能核定质量评定结果，层层检查，层层监督，检测单位作为独立机构提供检测报告作为最后质量评定结果的有力佐证。施工、监理、工程项目监督站，分别代表不同利益群体的质量评定程序，是对工程质量最公平有效的保障。

在工程验收工作中，通过对工程项目质量等级（分部工程验收、单位工程验收）、工程外观质量评定结论（单位工程验收）、验收质量结论（分部工程验收、单位工程验收）的核备，向验收工作委员提交工程质量评价意见（阶段验收），工程质量监督报告（竣工验收）的形式，对工程质量各责任主体的质量行为进行监督管理，掌握工程实体质量情况，确保工程项目满足设计文件要求达到规定水平。

四、水利工程项目质量监管影响因素

（一）人的因素

1. 领导人的因素

领导者是具有决策权力的人，其整体素质是提高工作质量和工程质量的关键。地方政府领导人对当地政府发展重点的倾斜，会造成当地政策的倾斜，干预当地财政、编制等部门对设立质量监督机构、落实质量监督费的决定方向，直接影响质量监督管理工作的有效开展。水行政主管部门领导人的因素。水行政主管部门是水利工程项目的建设管理部门，也是水利工程项目法人的组建单位。水行政主管部门领导人对工程项目管理起决定性作用。决定工程项目的法人组成，干预甚至控制项目法人决策，影响项目法人管理制度、质量管理体系的正常运行，以及对监理、施工、设计、检测等单位的管理活动的正常开展。

2. 项目法人组成人员的因素

水利工程项目按照分级管理原则，由相应级别的地方政府或者水行政主管部门负责组建项目法人。在项目法人组建过程中，项目主管部门为了凸显对项目的重视程度，往往任命一些部门负责人担任项目法人组成人员，虽然在级别重视上很充分，但在项目法人组织的运行过程中，部门领导身兼多职，或者同时负责多个项目，无法做到专职负责。另外，项目法人组成人员在政府机关任职，不可避免会受到其上级领导的行政干预，使得项目法人的决策受到项目建设管理部门或者地方政府的干扰，无法正确行使项目法人职权，甚至被上级部门所"俘获"，完全听命于部门指令，违背了组建项目法人的初衷。

3. 作业人员的因素

质监人员的因素。没有独立的质量监督机构，没有固定充足的质量监督经费，就不能建立起一支高素质的质监队伍。质监人员的专业素质、职业素质得不到保证，在职继续教育培训缺少组织单位，教育培训制度得不到贯彻落实，质监活动的开展得不到有效约束。再完善的质量监督管理体系，缺失有力的执行者，也只能是纸上谈兵。由于政府、水行政主管部门、质量监督机构负责人、项目法人等领导人的质量管理意识的缺乏，质量责任得不到落实，质量责任体系不能正常运行，质量监督管理工作无法有效开展。另外，监理人员、施工人员、设计人员、检测人员的因素也不可忽视。

（二）技术因素

1.设计文件水平

项目决策和设计阶段缺乏有效的质量监控措施，项目水平、设计水平得不到保证。施工技术水平与建筑工程相比还存在一定差距。由于中小型水利工程施工难度不大，水工建筑物结构比较简单，大多数中小型水利工程对施工技术水平的要求并不高。水利工程施工队伍的技术水平参差不齐，特级、一级施工企业的施工质量基本能够得到保证，其他企业的施工质量还有待提高。

2.质量监督机构的技术力量

质量监督费的落实问题，限制了质量监督机构的硬件建设，日常办公设备，进行现场检查的交通工具、收集整理信息资料的技术措施要求无法满足。

3.检测单位的技术力量

水利工程检测行业还在逐步发展中，落后于建筑检测水平。目前，济宁市仅有三家乙级检测单位，经营范围局限在混凝土、岩土、量测三个专业。检测力量的不足影响了第三方数据的准确可靠。我国水利行业隶属农业体系，属于弱势部门，虽然近几年国家在政策上较为重视，但在各省、市的财政支持力度并没有较大改善，水利行业整体发育不良，管理水平、技术水平与我国的经济能力水平存在较大差距。

（三）管理因素

国家法律规定水利工程实行分级管理制度，但在具体实施过程中，除已有规定外，投资规模也成为划分水利工程项目管理归属的一项重要指标。造成工程项目管理混乱，属地管理与流域管理互相矛盾，争夺权利，推诿责任，不利于水利工程项目的管理实施。

项目法人责任制落实不到位。根据水利工程类别，项目法人由相应地方人民政府或其委托的水行政主管部门负责组建，任命法定代表人。项目法人是项目建设的责任主体，对项目建设的工程质量负总责，并对项目主管部门负责。项目法人组建不规范，人员结构不合理，组织不健全，制度不完善等问题，不仅影响自身质量行为的水平，以及与监理单位的合同履行情况，对其他责任主体履行质量责任也会产生不良影响。

（四）社会因素

我国现行的《水利工程质量监督管理规定》《水利工程质量管理规定》等有关法律法规仍是 20 世纪 90 年代起开始实行的，与今天的市场秩序、技术水平、工程项目管理体制、工程规模等方面已经不相匹配。

法律体系较为混乱。近几年新颁布的一些部门规章，如《关于加强水利工程质量监督和验收管理工作的通知》《关于水利工程开工审批取消后加强后续监管工作的通知》等对原有法律法规中的一些条文进行修订或废纸，但并没有对法律法规进行一次全面完善的修订。

五、水利工程项目质量监督管理存在的问题

（一）缺乏独立质量监督机构

当前，水利工程质量监督机构正在从部、省、市三级机构向部、省、市、县四级监督网络转型，济宁市 12 个县 (市、区) 中已有 10 个成立了县级水利工程质量监督机构。但由于机构、人员编制等原因，质量监督机构只形成于文件层面，并未真正成立独立机构。济宁市目前已建成的监督机构包括市级质量监督机构在内，都是挂靠在当地水利局相关科室下，质量监督管理的相关工作由当地水利局基本建设站 (科) 代为履行。质监人员基本上是由水利局工程技术人员兼任，缺少独立的机构和人员编制。在实际工作中，质量监督管理的职能同科室职能时常发生交叉冲突，质量监督管理职能被弱化，甚至被忽略。在工程建设任务繁重时，基层工程技术人员通常身兼多职，既是 A 项目的质监人员，又是 B 项目的项目法人机构组成人员，还肩负着 C 项目设计人员的角色，难以开展有效的质量监督工作，工程质量监督缺失，严重影响了水利工程的质量。

（二）项目决策及设计阶段缺乏有效监督

根据《水利工程质量监督管理规定》，水利工程建设项目的监督期是从项目

法人到相应水利工程质量监督机构办理质量监督手续，签订《质量监督书》开始，到工程竣工委员会同意工程交付使用为止，只对项目实施阶段的质量监督管理工作进行了明确规定。工程项目的策划决策阶段，项目准备阶段的质量监督缺乏有效的监督措施。项目建议书是由政府委托具有一定资质的设计单位编制，按照水利工程分级管理的原则由主管部门负责审批；可行性研究报告由项目法人（或建设方）组织编制，并按照管理权限向上级主管部门申请报批；初步设计由项目法人委托具有相应资质的设计单位组织编制，并向有关主管部门申请报批。主管部门通常召集项目有关部门单位专家组成专家评审委员会，对可行性研究报告、初步设计进行专家评审；工程项目施工图则是由申报单位组织专家评审。也就是说，工程项目的决策阶段和设计阶段的质量控制，是由水行政主管部门在项目审批过程中进行控制的。专家评审委员会的组成原则，组成人员资格标准，评审标准，可信度可靠性没有明确要求，评审结论的正确性缺乏有力保证，造成水利工程质量隐患。

（三）水利工程项目质量监管流于形式

现行的水利工程质量监督管理体制，以行为监督为主，强调对项目法人等质量责任主体的质量管理体系的监督检查，重点是对监理、施工、设计等企业资质，专业岗位人员从业资格的审核，以及对相关技术资料是否完备的检查。实际的监督管理工作中，虽然开展了相关的检查审核，却仅限于检查的程序层面。只关注质量监督体系、制度是否建立，企业、人员的资质资格是否符合规范要求等表面工作，忽视了制度本身是否健全可行，制度的执行贯彻是否到位，企业资质、人员从业资格与实际能力是否相符，技术资料是否真实准确，质量管理程序履行情况等深层次根本问题的监督检查。

质量行为监督管理不到位还表现在对合同管理的忽视。合同，规定了签订双方的权利义务，明确了各方责任，是双方的行为准则。对合同履行情况的监督管理，就是对双方行为是否符合约定准则的监督管理，也就是对质量行为的监督管理。监督合同双方切实执行合同条款，履行约定的职责义务，也是保障工程项目质量的有效途径。专职质监员的缺乏也使"质量监督采取巡回检查和抽查"的规定成为空谈，"陪领导视察代替检查""人到现场代表监督到位"的情况普遍存在，使质量监督管理工作流于形式，难以落实到位。另外，缺乏有效的质量监督管理的处罚规定。很多地方规定文件中，只强调了对质优者奖，如何处罚违规者却一笔带过，造成质量监督的约束力不足。

（四）中小型水利工程项目质量监管依据不完善

自从我国实行建设工程项目质量监督管理制度以来，已经制定了一系列的法律法规和技术标准规范，但大多数是为大型水利工程项目服务的，对数量庞大，建设任务繁重，点多面广，单项工程概算低的中小型水利工程，以"中小型水利工程可参照本规定（办法）执行"而一笔带过。但是中小型水利工程在投资数额，工程规模，施工工艺，建设主体与大型水利工程存在较大差距，不可能照搬大型水利工程项目质量监督管理模式。缺乏有效的质量监督管理依据。目前，对中小型水利工程质量监督管理工作并没有统一科学规范的依据，各地规定并不相同，缺乏强制性实施细则，缺乏可操作性和规范性，制约了对工程项目质量的有效监督管理。

（五）水利工程项目质量监督管理费落实不到位

按照原有规定，项目法人在办理质量监督手续时应缴纳工程质量监督费，工程质量监督费属于事业性收费，用于质量监督工作的正常经费开支，不得挪作他用，以保障质量监督工作的正常开展。国家计委等部门对收费标准原则作出了明文规定。2008 年《财政部国家发展与改革委关于公布取消和停止征收 100 项行政事业性收费项目的通知》取消了此项费用的征收，要求质量监督工作所需经费由同级财政预算提供支持。然而，由于政府财力的限制，相当数量的地方财政部门并没有贯彻落实此项要求。水利部门按要求编制预算，报送到财政部门后变成一纸空文得不到批复。质量监督费的严重短缺，限制了质量监督管理的硬件配备，技术设备和办公条件的更新，日常质量监督工作得不到基本保障。

（六）质量监督管理定位不准

水利工程质量监督管理采取的是巡查与抽查相结合的手段，以发现质量缺陷、质量问题，是否存在违规操作等情况为目的。属于事后把关，即在事故发生后采取治理挽救措施，并不能有效预防质量事故的发生，缺乏风险管理意识，不能达到实行质量监督管理的目的。在工程项目建设任务繁重的情况下，质量监督管理机构将会疲于应付，监督管理的有效性会大打折扣，一旦发生质量事故，在造成人民生命财产损失的同时，对政府形象和公信力也会造成严重冲击。事后把关的质量监督管理定位还可能变成滋生权钱交易的温床，对工程项目质量水平是极大的威胁。

六、案例：济宁市 H 河道治理工程

（一）济宁市水利工程质量监督机构建设

20 世纪 90 年代初，山东省水利厅成立山东省水利水电工程质量监督中心站，济宁市随之成立济宁市水利水电工程质量监督站，主管单位是济宁市水利局，接受山东省中心站的业务指导。2008 年，更名为济宁市水利工程建设质量与安全监督站。市监督站站长由济宁市水利局主管工程建设的副局长担任，副站长由水利建设与安全监督科科长兼任。

市监督站对由济宁市水利局负责建设管理的项目实施监督，参加所监督项目的竣工验收、阶段验收等工作；对济宁市行政区域内由省中心站或流域分站实施监督的项目进行协调配合。2010 年经过调整，监督站设有 3 个专业站，分别是：农村水利工程质量与安全监督专业站、水土保持工程质量与安全监督专业站、工管水利工程质量与安全监督专业站。各专业站负责制定本专业水利工程质量与安全监督细则，并监督实施，参加所监督工程验收，核备（定）工程质量结论。

2013 年 9 月，通过向济宁市十二县市区发放调查问卷的形式，掌握济宁市水利工程质量监督机构建设情况第一手资料，了解基层监督机构监管工作开展的制约因素和基层质监人员的诉求。水利工程质量监督机构调查统计表显示，济宁市十二县市区中 (2014 年年初行政区划调整以前)，有 10 个县 (市、区) 已成立相应水利工程质量监督机构 (由基建科、股加挂)，全市共有 55 人从事质量监督工作，有 26 个质监员，持证监督人员占实际工作人员比例达到 80%。

（二）济宁市水利工程项目质量监督管理工作开展情况

济宁市水利工程建设质量与安全监督站成立以来，认真执行法律法规和国家、水利部、山东省的关于质量监督管理的文件要求，开展质量监督管理工作。同时，

根据济宁市水利工程特色和实际工程需要，不断完善工作机制，强化制度建设，制定了《济宁市村村通自来水工程质量监督实施办法》《济宁市水利工程建设重大质量与安全事故应急预案》等制度；每项工程主体开工建设前，都制定《项目质量监督实施细则》《项目质量监督计划》；根据济宁市水利工程特点制定了《单元工程质量评定表》等。还形成了"质量监督申报制度""项目划分申报审批制度"和"质量评定申请制度"三项程序性制度和"质量监督责任人制度""质量监督工作实施计划制度和"质监活动台账制度"三项规范性制度，使质量监督工作更加制度化、标准化、规范化。

重视质量监督人员培训，制订质监人员培训计划，积极参加上级部门组织的相关培训，认真学习质量监督管理和建设项目管理的法律法规和有关规范标准。开展现场参观学习，交流经验做法，提高质量监督管理工作水平。组织济宁市水利工程建设管理人员参加质量监督管理相关培训，扩充质监队伍力量。

（三）工程概况

H河(4+000–17+700段)治理工程位于济宁市丙县境内，总长度21.47千米，工程总治理长度13.7千米；堤防工程长27.4千米，其中堤防加高培厚22.3千米，堤防恢复；建设涵洞23座，其中新建涵洞3座、改建涵洞2座，维修加固涵洞18座。

立项及初设批复：2011年12月2日，由山东省水利厅组织专家对《丙县H河（4+000–17+700段）治理工程初步设计》进行了评审，并以正式文件对《丙县H河（4+000–17+700段）段治理工程初步设计》进行了批复。该工程批复概算总投资2496万元，其中省级以上投资947万元，市、县投资1549万元。

山东省水利厅以文件形式批复了《H河(4+000–17+700段)治理工程开工的请示》，同意该工程于2012年9月6日开工建设，工程设计总工期8个月。

工程建设目标：通过实施河道清淤扩挖，堤防加高培厚，新建、改建和维修加固建筑物等工程，将河道的防洪标准提高到20年一遇，除涝标准达到5年一遇，保护下游防护区内人民生命财产安全。

项目法人组建情况：根据山东省水利厅《关于做好2013—2015年中小河流治理项目建设管理工作的通知》要求，2012年3月13日经山东省水利厅批复，丙县水利局组建丙县中小河流治理工程建设管理处，作为该工程项目法人。

（四）质量监督管理工作开展情况

质量监督机构建立情况：山东省水利工程建设质量与安全监督中心站和济宁市水利工程建设质量与安全监督站共同组建了 H 河 (4+000–17+700 段) 治理工程质量与安全监督项目站，以巡查、抽查的方式，对项目法人、设计、监理、施工、检测等参建单位的行为和实体质量进行监督。

项目站成立以后，督促项目法人办理工程质量监督手续，及时签署质量监督书，编制了《H 河 (4+000–17+700 段) 治理工程质量监督实施细则》与《H 河 (4+000–17+700 段) 治理工程质量监督计划》，经山东省水利工程建设质量与安全监督中心站批准后印发给参建各方。

对该治理工程单位工程、分部工程、单位元工程划分进行审核确认。H 河（4+000–17+700 段）治理工程按标段划分为 4 个单位工程：H 河 (4+000–7+350 段) 治理工程 (标段 1)、H 河 (7+350–10+750 段)(标段 2)、H 河 (10+750–14+000 段) 治理工程 (标段 3)、H 河 (14+000–17+700 段) 治理工程 (标段 4)。

检查各参建单位的质量管理行为。一是对施工、监理、检测等单位的资质进行了复核；二是对施工单位的质量保证、监理单位的质量控制、建设单位的质量检查体系的建立健全和落实执行情况进行检查，严格各参建单位的质量管理体系和保证措施；三是对质量技术标准、操作规程及工程建设强制性条文的执行情况进行监督检查。

工程实体质量的监督管理。对堤防填筑、堤基截渗、水下土方开挖等关键部位、重要隐蔽工程的施工质量进行重点检查，并不定期进行巡查抽检。

核查工程质量检验与评定资料。组织人员对施工质量检验与评定资料进行了核查，抽阅施工日志和有关原始记录资料，以确保施工质量检验与评定资料的及时性、真实性、完整性和规范性。

做好工程质量核备与核定工作。按照有关规定，对完成的重要隐蔽工程和分部工程施工质量评定及验收结论及时进行了核备；对单位工程外观质量评定结论和验收质量等级进行了核定。

参加有关工程验收。参加重要隐蔽工程、分部工程、单位工程等验收，并现场检验工程质量与评定资料。

（五）质量检测情况

项目法人委托山东省水利工程试验中心进行了全过程第三方质量检测，检测主要结论为：丙县 H 河 (4+000–17+700 段) 治理工程中所使用的原材料及中间产品，河道开挖断面尺寸，堤防加固断面尺寸及填筑质量，钢筋混凝土保护层厚度、浆砌石挡土墙表观质量均满足设计及相关规范要求。

（六）质量评定结果

H 河 (4+000–7+350 段) 治理工程划分为 5 个分部工程，58 个单元工程。5 个分部工程全部合格，其中 4 个分部工程优良，优良率 80%。

H 河 (7+350–10+750 段) 治理工程划分为 5 个分部工程，63 个单元工程。5 个分部工程全部合格，其中 4 个分部工程优良，优良率 80%。

H 河 (10+750–14+000 段) 治理工程共分为 5 个分部工程，63 个单元工程。5 个分部工程全部合格，其中 5 个分部工程优良，优良率 100%。

H 河 (14+000–17+700 段) 治理工程共分为 5 个分部工程，80 个单元工程。5 个分部工程全部合格，其中 5 个分部工程优良，优良率 100%。

质量评定结果汇总：单元工程全部合格，其中优良 233 个，单元工程优良品率 88.3%。分部工程全部合格，其中优良 19 个，分部工程优良品率 95%。单位工程全部优良。

第四节　国外工程质量监督管理模式及启示

一、国外工程质量监督管理模式

由于建设工程质量的重要性，无论是在发达国家还是在发展中国家，均强调政府、社会、业主及相关的企业、事业单位对建设工程质量的监督和管理。有些国家市场经济发展起步较早，在积累了大量经验的同时，形成了与之有关的法律、法规、监督管理体系，即"三大体系"。"三大体系"与现行的市场经济比较适应，结合本国国情实际加之有效的管理机制，有效地维护了国家利益。住宅、城市、交通、环境建设和建筑等行业的质量管理法规的制定和执行监督被大多数政府的建设主管部门确定为主要任务，国家和省市投资的项目和大型的建设项目被作为重点监督的对象。

（一）政府不直接参与工程项目质量监管——以法国为代表

法国政府主要运用法律和经济手段，而不是通过直接检查来促使建筑企业提高产品的质量。通过实行强制性工程保险制度以保证工程项目质量水平。为此，法国建立了全面完整的建筑工程质量技术标准法规为开展质量监督检查提供有力依据。建筑法规《建筑职责与保险》规定：工程建设项目各参与方，包括业主、材料设备供应商、设计、施工、质检等单位，都必须向保险公司投保。为保证实施过程中的工程质量，保险公司要求每个建设工程项目都必须委托一个质量检查公司进行质量检查，同时承诺给予投保单位一定的经济优惠（一般收取工程总造价的 1%~1.5%），因此，法国式的质量检查又包含一定的鼓励性。

在法国，对政府出资建设的公共工程而言，"NF"（法国标准）和"DTU"（法国规范）都是强制性技术标准；对非政府出资的不涉及公共安全的工程，政府并未作出要求，反而强制性标准的要求是由保险公司提出的。保险公司要求，参与建设活动的所有单位对其投保工程必须遵守"NF"和"DTU"的规定，所以无论投资方是何种性质，"NF"（法国标准）和"DTU"（法国规范）都是强制性标准。根据技术手段、结构形式、材料类型的更新情况"NF"和"DTU"以每 2 到 3 年一次的频率进行修订。

法国为了其建筑工程产品质量得到保障，各建筑施工企业都建立健全了自己的质量自检体系，许多质量检测机构不但检查产品直接质量，而且企业的质量保证体系也是重点检查的项目之一。大公司均内设质检部门，配备检验设备，质量检查记录也细致到每道工序、每个工艺。

法国的工程质量监督机构以独立的非政府组织——质量检查公司的形式存在，具体执行工程质量检查活动。在从事质量检查活动前，政府有关部门组成的专门委员会将对公司的营业申请进行审批，公司必须在获得专门委员会颁布的认可证书后方可开展质量检查活动。许可证书每 2 到 3 年进行复审。

法律规定质量检查公司在国内不得参与除质检活动以外的其他任何商业行为，以确保其可以客观公正地位对工程质量进行微观监督，独立于政府外的第三方身份，保证了其质量检查结论能够客观公正。

在工程的招标投标阶段，公司在工程的各阶段对影响工程质量的因素进行检查，一是在设计前期充分掌握工程建设目标和标准，并将应当注意事项适时地给予业主提示；二是在设计阶段，公司在全面检查设计资料后，将检查出的问题报业主，业主再会同设计单位研究解决；三是施工阶段，质量检查公司的监督任务是：一方面根据业主和设计单位对工程的要求及工程的特点，制订工程质量检查计划，并送交给业主和承包商，指出检查重点部位和重点工序，明确质量责任；另一方面到施工现场对建筑材料、构配件的质量进行检查检测。正是因为采用了拉网式排查及重点部位、关键部位及时预检的措施，才将采用事后检查造成的不必要损失降到最低。法国的质量检查公司为了保障质量检查数据的精确度，配备了齐全的仪器设备。工程竣工后，检测人员出具工程质量评价意见并形成报告送参建各方。

（二）政府直接参与工程项目质量监督——以美国为代表

美国政府建设主管部门直接参与微观层次工程建设项目质量监督和检查。在政府部门中设置建设工程质量监督部，负责审查工程的规划设计；审批业主递交的建造申请并征求相关部门意见，同时对项目建设提出改进建议；对工程质量形成的全过程进行监督，此外，该部门还负责对使用中的建筑进行常规性的巡回质量检查。从事工程项目质量监督检查的人员一部分是政府相关部门的工作人员；另一部分则是根据质量监督检查的需要，由政府临时聘请或者要求业主聘请的，具有政府认可从业资质的专业人员。每道重要工序和每个分部分项工程的检查验收只有经这部分专业人员具体参与并认定合格后，方可进行下一道工序。对工程材料、制品质量的检验都由相对独立的法定检测机构检测。

质量监督检查一般分为随时随地和分阶段监督检查方法。在建筑工程取得准许建造证后，现场监督员即开始到施工现场查看现场状况和施工准备情况；施工过程中，现场监督员则经常到现场监督检查。当一个部位工程（相当于我国的某些分项工程或一个分部工程）完成后，通知质量监督检查部门，请他们到现场对该部位工程质量进行监督检查。如该部位工程质量符合统一标准规定的，即予以确认并准许其进行下一工序的施工。

根据工程的性质和重要程度，分别采取不同的监督方式。对一般性工程，现场监督员是以巡回监督的方式检查；如是重要或复杂的工程，派驻专职现场监督员，全天进行监督检查。对一些特殊的工程项目，需请专家进行监督检查，并在专家检查后签名以表示负责。在监督检查的深度上，也因工程性质及重要的程度而有所不同。如涉及钢结构焊接、高强螺栓的连接，防火涂层和防水涂膜的厚度等安全部位时，即要增大监督检查的深度。通过严格的检查和层层严格的把关，从而保证建设工程的质量安全。

美国的工程保险和担保制度规定，未购买保险或者获得保证担保的工程项目参与方是不具备投标资格，没有可能取得工程合同。在工程保险业务中，保险公司通过对建设工程情况、投保人信用和业绩情况等因素进行综合分析以确定保费的费率。承保后，保险公司（或委托咨询公司等其他代理人）参与工程项目风险的管理与控制，帮助投保人指出潜在的风险及改进措施，把工程风险降到最低。

（三）委托专业第三方开展工程项目质量监督管理——以德国为代表

德国政府对建筑产品的监督管理，是以间接管理为主，直接管理为辅。

间接管理方面：通过完善建筑立法，制定行业技术标准等宏观调控手段来规范建筑产品的施工标准和施工过程，引导建筑业健康发展；通过州政府建设主管部门授权委托质量监督审查公司的手段，由国家认可的质监工程师组建的质量审查监督公司（质监公司）对所有新建和改建的工程项目的设计、结构施工中涉及公众人身安全、防火、环保等内容实施强制性监督审查。

直接管理方面：对建筑产品的施工许可证和使用许可证进行行政审批。《建筑产品法》是对建筑产品的施工标准和施工过程的有关规定的法律，它是检测机构、监督机构、发证机构进行监督管理的依据；规定了检测机构、监督机构、发证机构的组成、职能及操作程序。

德国的质量监督审查公司是由国家认可的质监工程师组成，属于民营企业，代表政府而不是业主，对工程建设全过程的质量进行监督检查，保证了监督工作的权威性、公正性。质监公司在施工前要对设计图进行审查，并报政府建设主管部门备案，还要对施工过程进行监督抽查，主要针对结构部位，隐蔽工程，并出具检验报告，最后对工程进行竣工验收，并对整个检查结果负责。除此之外，质监人员还要到混凝土制品厂、构件厂等单位对建筑材料和构配件的质量进行抽查。

德国的质监公司是对微观层次的工程质量进行监督,其职能相当于我国的监理和质监机构的组合体,政府只对质监工程师的资质和行为进行监督管理,不对具体工程项目进行监督检查,有利于加强政府对工作质量的宏观控制。质监人员若在监督工作过程中徇私舞弊、收受贿赂或失职将会终生吊销执业执照。

自然人、法人、机构、专业团体或者是政府部门经过政府的同意,并取得相应的资质资格证书后,可以开展质量监督活动,称为"监督机构"。主要的监督活动是对施工单位生产控制的首次检查以及监督、评判和评估,并承担对施工单位的建筑产品质量控制系统进行初检,或对整个生产控制体系进行全过程的监督与评价。

二、国外工程质量监督管理模式特点

(一)质量监督管理认识方面

强调政府对工程质量的监督管理,把大型公共项目和投资项目作为监督管理的重点,以许可制度和准入制度为主要手段,在项目策划阶段就对建设项目进行筛选,去劣存优,保障了建设者(投资方)的经济效益,也保证了使用者的合法权益。

重视质量观念的建立,强调质量责任思想,突出建设工程项目质量管理的全过程全面控制管理的思想,建立健全工程质量管理的三大体系。

发达国家健全完善的法律法规体系,行之有效的市场机制,有效地规范了工程项目参建各方的质量行为,使参建各方自觉主动地进行质量管理;通过加大对可研立项阶段和设计阶段的质量控制和质量规划监督管理的力度,尽可能从根本上杜绝质量事故的发生,从而引导和规范各建设主体的质量行为和工程活动,提高各方主体的质量意识。

(二)质量监督管理体制方面

把健全完善的重点放在建设工程领域的法律法规和保证运行体系建设,规范统一、公开透明的市场秩序建设,市场准入标准和技术规范标准建设上,达到促进工程项目建设活动安全健康发展,规范市场行为,推进行业全面发展,实现政府对建设市场的宏观调控。突出对工程项目建设单位的专业资质、从业人员职业资格和注册、工程项目管理的许可制度建设，实现政府对建筑行业服务质量的控制和管理。

政府建设主管部门的管理方式，以依法管理为主，以政策引导、市场调节、行业自律及专业组织管理为辅，以经济手段和法律手段为首选方式。依法对建筑市场各主体从事的建筑产品的生产、经营和管理活动进行监督管理。充分发挥各类专家组织和行业协会的积极性和能动性，依靠专业人士具有的工程建设所需要的技术、经济、管理方面的专业知识、技能和经验，实现对建筑产品生产过程的直接管理。以专业人士为核心的工程咨询业对建筑市场机制的有效运行以政府充分及项目建设的成败起着非常重要的作用。为政府工程质量的控制、监督和管理提供保障。

（三）质量监督管理对象方面

重点是对业主质量行为的监督管理，因为业主是项目的发起人、组织者、决策者、使用者和受益者，在工程项目建设质量管理过程中起主导作用，对建设项目全过程负有较大的责任。监督管理的对象还包括工程咨询方、承包商和供应商等所有参与工程项目建设有关的其他市场主体，以及质量保证体系和质量行为。政府的干预较少，只限于维护社会生活秩序和保障人民公共利益。

重视工程项目可行性研究和工程项目的设计，把投资前期与设计阶段作为质量控制的重点。可行性研究阶段主要是控制建设规模、规划布局监管和投资效益评审。西方国家分析认为，由于设计失误而造成的工程项目质量事故占有很大比例。一个项目可行性研究工作一般要用1~2年完成，花费总投资额的3%~5%，排除了盲目性，减少了风险，保护了资金，争取了时间，达到少失而多得的目的。在设计开始前制定设计纲要，业主代表在设计全过程中进行检查。对设计进行评议，包括管理评议及项目队伍外部评议，全面发挥设计公司强有力的整体作用。

加大实行施工过程中（包含企业自检、质量保证和业主与政府的质量监督检查三个方面）的监督、检查力度。建材和设备全部要与FIDIC条款中相应品质等级及咨询工程师的要求相吻合。对质量符合技术标准的产品，由第三方认证机构颁发证书，保证材料质量。工程建设用材料、设备的质量好，给建筑工程质量奠定了基础。

三、先进工程质量监督管理经验与启示

在政府是否直接参与微观层次工程质量监督上，根据各国政体和国情的不同，发达国家采取的工程质量监督管理模式不尽相同，但是在质量监管的法律法规体系建设，对工程项目的全过程监督，质量保证体系建设方面均存在着为我国可借鉴之处。

（一）法律法规体系

建立健全工程质量管理法规体系是政府实施工程质量监督管理的主要工作和主要依据，是建筑市场机制有序运行的基本保证。大部分建设工程质量水平较好的国家一直重视建设行业的法制规范建设，对政府建设主管部门的行政行为、各主体的建设行为和对建筑产品生产的组织、管理、技术、经济、质量和安全都作出了详细、全面且具有可操作性的规定，从建设项目工程质量形成的全过程出发，探求质量监督管理的规律，基本上都已经形成了成熟完善的质量监管和保障执行的法律法规体系，为高效的质量监管提供了有力依据。

发达国家的建设法律法规体系大体上分为法律、条例和实施细则、技术规范和标准三个层次。法律在法律法规体系中位于最顶层，主要是对政府、建设方、质监公司等行为主体的职能划分、责任明确和权利义务的框架规定，以及对建设工程实施过程中的程序和管理行为的规定，是宏观上的规定。其次是条例和实施细则，是对法律规定的明确和细化，是对具体行为的详细要求。最后是各种技术规范和标准，是对工程技术、管理行为的程序和行为成果的详细要求。一般分为强制性、非强制性和可选择采用三类。既有宏观规定，又有具体行为指导，既有对实体质量的标准要求，也有对质量行为和程序的条例规范，还有执行监督管理行为实施的法律保障，构成了全面完整的法律法规体系，将工程建设各个环节、项目建设参与各方的建设行为都纳入管理规定的范围。

发达国家的建设法律法规体系呈现国际化趋势，在法律法规的制定过程中积极同国际接轨，或者遵循国际惯例，促进国内企业的发展，同时也为国内企业参与国际竞争提供服务。

（二）普遍实行的工程担保或保险制度

完备的工程担保和保险制度是保障建设工程质量的经济手段。工程建设项目建设期一般以年为单位，时间跨度大，投资数额高，影响因素多，从项目策划到保修期结束存在各种不确定因素和风险。对建设工程项目的投资方而言，有可能会遭遇设计失误，施工工期拖延，质量不合格，咨询（监理）监督不到位等风险；对承包商（施工方）来说，有可能面临投标报价失误、工程管理不到位、分包履约问题及自身员工行为不当等风险。勘察设计、咨询（监理）方则承担的是职业责任风险。这些都是影响工程质量的风险因素。工程保险和担保制度对于分散或减小工程风险和保证工程质量起到了非常大的作用。

各参建单位必须进行投保，而且带有强制性。从立项到质保期结束，按照合同约定由责任负责方承担担保与保险责任，为工程寿命期提供经济保证。

由于担保与保险费率是保证、保险公司根据承包商的以往建设工程完成情况、业绩、信用情况，以及此次工程建设项目的风险程度等综合考虑确定的，所以浮动担保与保险费率有利于提高质量意识，改善质量管理。一旦失信，保证金及反担保资产将被用于赔偿，信用记录也会出现污点，造成再次投保或者担保的费率提高，没有保险担保公司承保，相当于被建设工程市场驱逐。守信受益，失信受制，通过利益驱动，在信用体系上建立社会保证、利益制约、相互规范的监督制衡机制，强化了自我约束与自我监督的力度，有效地保证参与工程各方的正当权益，同时对于规范从业者的商业行为，健全和完善一个开放的、具有竞争力的工程市场，使招标投标体系得以健康、平衡运行，可以起到积极的促进作用。

（三）严格建设工程市场准入制度

在市场经济模式下，国际上建设管理比较成功的国家都是按照市场运作规律进行调整，在工程建设市场投入大量的精力，制定严格的专业人员注册许可制度和企业资质等级管理制度，在有效约束从业组织和从业个人正当从事专业活动方面发挥着极其重要的作用。

注册许可制度对专业人员的教育经历、参加相关专业活动的从业经历等条件具有严格的要求。只有符合条件要求，通过考试评审，同时具有良好的职业道德操守的人员，才能够获得职业资格，获得注册许可后，专业人员仍需严格遵守职业行为规范等规定，定期完成对职业资格的复审。一旦出现失职或违法等行为将被记录在案，甚至被取消资格。严格的准入制度保证了专业人员的专业水准和职业活动的行为质量实现政府对行业服务质量的管理。

（四）工程质量监督模式变化

国际上建设水平较发达的国家普遍采用委托第三方——"审查工程师""质量检查公司"或者质量检查部门对工程实体进行质量监督控制，监督费用由政府承担，避免了第三方同被检查对象因存在经济关系而发生利益关系的可能，使得检查结果更加客观公正，有利于工程质量水平的提高。

例如，德国的审查工程师就代表政府实施工程质量监督检查，但是审查工程师需通过国家的认证与考核，而众多的审查工程师为了获得更多的业务，必然会在工程质量监督检查过程中客观公正地执法，全面提高自身的监督管理水平，否则会因此通不过认证或者考核；还有法国的质量检查公司也是独立于其他参建主体之外的第三方检查公司，一般均受工程保险公司的委托进行质量检查，也完全脱离了政府的授权或委托关系，当然，质量检查公司的资质认证和考核肯定要受政府的制约和控制。在这样的质量管理机制下，对促进施工企业的管理水平，对保障工程质量水平取得了实效，值得我们学习借鉴。

（五）规范工程专业化服务和行业协会的作用

建设工程质量监督管理体系较完善的国家，一般都有相当发达的专业人士组织和行业协会，通过对专业人员和专业组织实行严格的资格认证和资质管理，为工程项目的质量管理提供有效的服务。

政府以对专业人员资格认可和专业组织资质的审核许可为管理手段，以法律法规为专业人员和专业组织的行为规范，保证了专业组织的能力水平和从业行为质量。专业组织作为获政府委托授权的第三方机构，对建设工程项目的质量进行直接监督管理，充分发挥专业水平，成为政府对工程质量监督管理的有力助手。职业资格和资质的等级设置，激励了专业人员、专业组织不断提升自身专业水平、服务水平，主动规范行业行为，以获取更高级别的资格和资质，在带动行业整体水平发展的同时，有效高质的咨询服务也推动了建设工程项目质量水平的不断进步，为工程项目质量监督管理水平的提升起到了重要作用。

在行业积极向上发展的良好趋势下，要求其自身不断加强行业自律，主动约束行业从业人员的素质、专业水平、从业行为。以专业人士为核心的工程咨询方对市场机制的有效运行及项目建设的成败起着非常重要的作用。有利于提高行业从业人员的素质和从业组织市场竞争能力，对于提高工程质量起到了积极作用。

第五节　水利工程项目质量监督管理政策与建议

一、水利工程质量监督管理的发展方向

（一）健全水利工程质量监管法规体系

我国对水利工程质量实行强制性监督，建立健全的法律体系是开展质量监督管理活动的有力武器，是建筑市场机制有序运行的基本保证。

完善质量管理法律体系，制定配套实施条例。统一工程质量管理依据，改变建设、水利、交通等多头管理，各自为政，将水利工程明确纳入建设工程范畴。制定出台建设工程质量管理法律，将质量管理上升到法律层面。修订完善《水利工程质量管理条例》中陈旧条款，加入适应新形势下质量管理要求的新条款，作为建设工程质量法的实施细则，具体指导质量管理。增加中小型水利工程适用的质量监督管理法规标准，规范对其的质量监督管理工作，保证工程项目质量。

尽快更新现行法律法规体系。随着政府职能调整，行政审批许可的规范，原有法律法规体系对质量监督费征收、开工许可审批、初步设计审批权限等行政审批事项已被废止，虽然水利部及时发文对相关事项进行补充说明，但并未对相关法规进行修订，造成法规体系的混乱，干扰了市场的正常秩序。我国现行水利质量监督管理的相关规定自1997年起已经实行了近20年，相比较法国每2~3年修订一次的频率，我国的法律法规体系的更新速度明显落后于欧美发达国家。

加大对保障法律执行的有关制度建设，细化罚则要求。为促使各责任主体积极主动地执行质量管理规定，应制定相应的奖惩机制，制定保障执法行为的有关制度。在法治社会，失去强有力的质量法律法规体系的支撑，质量监督管理就会

显得有气无力，对违法违规行为不能作出有力的处罚，不能有效地震慑违法行为主体。执行保障法律体系一旦缺失，质量监督管理就会沦为纸上谈兵。制定度量明确的处罚准则，树立质量法律威信，才能真正做到有法可依，有法必依，执法必严。对信用体系建设中出现的失信行为，也应从法律角度加大处罚力度，强化对有关法律法规的自觉遵守意识。

注重国际接轨。我国在制定本国质量监督管理有关法律规定时，应充分考虑国际通用法规条例，国际体系认证的标准规则，提升与国际接轨程度，有利于提高我国建设工程质量水平，也为增强我国建设市场企业的国际竞争力提供有利条件。

（二）完善水利工程质量监督机构

转变政府职能，将政府从繁重的工程实体质量监督任务中解脱出来。政府负责制定工程质量监督管理的法律依据，建立质量监督管理体系，确定工程建设市场发展方向，在宏观上对水利工程质量进行监督。工程质量监督机构是受政府委托从事质量监督管理工作，属于政府的延伸职能，属于行政执法，这就决定了工程质量监督机构的性质只能是行政机关。在我国事业单位不具有行政执法主体资格，所以需要通过完善法律，给予水利工程质量监督机构正式明确独立的地位。质量监督机构确立为行政机关后，经费由国家税收提供，不再面临因经费短缺造成质量监督工作难以开展的局面。工程质量监督机构负责对工程质量进行监督管理，水行政主管部门对工程建设项目进行管理，监督与管理分离，职能不再交叉，有利于政府政令畅通，效能提升。工程质量监督机构接受政府的委托，以市场准入制度、企业经营资质管理制度、执业资格注册制度、持证上岗制度为手段，规范责任主体质量行为，维护建设市场的正常秩序，消除水利工程质量人和技术的不确定因素，达到保证水利工程质量水平的目的。工程质量监督机构还应加强自身质量责任体系建设，落实质量责任，明确岗位职责，确保机构正常运转。

（三）强化对监督机构的考核，严格上岗制度

质量监督机构以年度为单位，制定年度工作任务目标，并报送政府审核备案。在年度考核中，以该年度任务目标作为质量监督机构职责履行、目标完成情况年终考核依据。制定考核激励奖惩机制，促进质量监督机构职责履行水平、质量监

督工作开展水平不断提高。质量监督机构的质监人员严格按照公务员考录制度，通过公开考录的形式加入质监人员队伍，质监人员的专业素质，可以在公务员招考时加试专业知识考试，保证新招录人员的专业水平。新进人员上岗前，除参加公务员新录用人员初任资格培训外，还应通过质监岗位培训考试，获得质监员证书后才能上岗。若在一年试用期内，新进人员无法获得质监岗位证书，可视为该人员不具有公务员初任资格，不予以公务员注册。公务员公开、透明的招考方式，是引进高素质人才的有效方式。质监员可采用分级设置，定期培训，定期复核的制度。根据业务工作需要，组织质监人员学习建设工程质量监督管理有关的法律、法规、规程、规范、标准等，并分批、分层次对其进行业务培训。质监人员是否有效地实施质量执法监督，是否可以科学统筹发挥质监人员的作用，是建设工程质量政府监督市场能否高效运行的关键。分级设置质监员对质监员本身既起到激励作用，又对质量责任意识起到强化作用。

（四）改进质量监督管理经费方式

自 2009 年 1 月 1 日起，水利工程质量监督机构不再向受监项目收取项目质量监督费，开展质量监督工作所需经费改为政府财政划拨，从根本上解决了质量监督机构和监督对象间的经济往来关系和由此可能带来的监督不公正后果。但是，由于各地市财政能力水平有较大差距，质量监督管理经费不能足额按时到位的现象普遍存在，济宁市水利工程建设质量与安全监督站自监督费改革后，虽然每年编制监督经费预算，但由于财政能力有限等原因，从未批准核发。尤其是近年来，国家重点开展小型农田水利工程项目建设，工程项目质量监督管理任务通常由县级水利质量监督机构承担。不可否认，农田水利工程建设任务越繁重的地区，往往政府财政能力越差，质量监督机构所需经费反而越多。所以，水利工程质量监督经费由财政划拨的方法虽然保证了质量监督机构的公正，但也带来了监督经费严重短缺的问题。对此可以借鉴德国工程质量审查监督费的收取模式，工程质量监督经费在工程建设投资中列支，在工程投资下达时，由财政部门按比例计提，按照工程建设进度向质量监督机构划拨。同时，对工程资金使用审计制度进行补充，通过工程审计的形式，监督财政部门将该费用按时足量划拨到位。

二、水利工程项目质量监督的建议与措施

（一）工程项目全过程的质量监督管理

强调项目前期监管工作，严格立项审批。水利工程项目应突出可研报告审查，制定相关审查制度，确保工程立项科学合理，符合当地水利工程区域规划。水利工程项目的质量监督工作应从项目决策阶段开始。分级建立水利工程项目储备制度，各级水行政主管部门在国家政策导向作用下，根据本地水利特点，地方政府财政能力和水利工程规划，上报一定数量的储备项目。储备项目除了规模、投资等方面符合储备项目要求外，可研报告必须已经通过上级主管部门审批。水利部或省级水行政主管部门定期会同有关部门对项目储备库中的项目进行筛选评审。将通过评审的项目作为政策支持内容，未通过储备项目评审的项目发回工程项目建设管理单位，对可研报告进行完善补充。做好可行性研究为项目决策提供全面的依据，减少决策的盲目性，是保证工程投资效益的重要环节。

全过程对质量责任主体行为的监督。项目质监人员在开展工作时，往往会进入对制度体系检查的误区。在完成对参建企业资质经营范围、人员执业资格注册情况及各主体质量管理体系制度的建立情况后，就误以为此项检查已经完成，得出存在即满分的结论。在施工阶段，质监人员把注意力完全放在了对实体质量的关注上，忽视了对上述因素的监控。全过程质量监督，不仅是对项目实体质量形成过程的全过程监督，也是对形成过程责任主体行为的全过程监督，在施工前完成相应制度体系的建立检查，企业资质、人员执业资格是否符合一致检查后，在施工阶段应着重对各责任主体质量管理、质量控制、质量服务等体系制度的运行情况、运行结果进行监督评价，对企业、人员的具体工作能力与所具有的资质资格文件进行衡量，通过监督责任主体行为水准，保证工程项目的质量水平。

（二）加大项目管理咨询公司培育力度

水利工程建设项目实行项目法人责任制，是工程建设项目管理的需要，也是保证工程建设项目质量水平的前提条件。在我国，水利工程的建设方是各级人民政府和水行政主管部门，由行政部门组建项目法人充当市场角色，阻碍了市场机制的有效发挥，对建设市场的健康发展，水利工程质量的监督管理都起到不利作

用。水利部多项规章制度对项目法人的组建、法人代表的标准要求、项目法人机构的设置等都进行了明确的规定。但在工程项目建设中，由于政府的行政特性，项目法人并不能对工程项目质量负全责。

政府（建设方）应通过招标投标的方式，选择符合要求的专业项目管理咨询公司。授权委托项目管理咨询公司组建项目法人，代替建设方履行项目法人职责，对监理、设计、施工等责任主体进行质量监督。由专业项目咨询公司组建项目法人，按照委托合同履行规定的职责义务，与施工、设计单位不存在隶属关系，能更好地发挥项目法人的职责，发挥项目法人质量全面管理的作用。

工程项目管理咨询公司是按照委托合同，代表业主方提供项目管理服务的；监理单位与工程项目管理咨询公司在本质上都属于代替业主提供项目管理服务的社会第三方机构。但是监理只提供工程质量方面的项目管理服务，工程项目管理咨询公司是可以完全代替业主行使项目法人权利的专业咨询公司。市场机制调控，公司本身的专业性，对项目法人的管理水平都有极大的促进。

国家应该对监理公司、项目咨询管理公司等提供管理咨询服务的企业进行政策扶持，可以通过制定鼓励性政策，鼓励水利工程项目法人必须同项目管理咨询公司签订协议，由专业项目管理咨询公司提供管理服务，并给予政策或经济鼓励，在评选优质工程时，也可作为一项优先条件。

（三）加大推进第三方检测力度

第三方检测是指实施质量检测活动的机构与建设、监理、施工、勘察设计等单位不存在从属关系。检测单位应具有水利部或省级水行政主管部门认可的检测资质。检测资质共有 5 个类别，分别是：岩土工程、混凝土工程、金属结构、机械电气和量测。我国自 2009 年开始实行水利工程质量检测制度，同年启动水利工程质量检测单位资质审批工作。根据《山东省水利厅关于公布 2013 年第一批水利工程质量检测备案单位名单的通知》，济宁市目前共有 3 家水利工程质量检测单位，具有岩土工程乙级、混凝土工程甲级、量测乙级三类资质，其余两类属于空白状态。现行水利工程质量检测制度是在验收阶段进行的质量检测活动，是在施工方自检、监理方抽检基础上进行的，虽然也属于第三方检测范畴，但是检侧的对象是已完工的工程项目，是对工程质量等级的评定而不能起到监督作用，具有局限性。在施工过程中，施工单位的自检、监理单位的抽检通常都由其内部的质量检测部门完成。检测单位和委托单位具有隶属关系，结果的准确性、可信度得不到保障，检测结果获得其他单位认同程度较低。第三方检测是受项目法人（或项目管理公司）的委托，依据委托合同和质量规范标准对工程质量进行独立、公正检测的，只对委托人负责，检测结果准确性、可信程度更高。对工程原材料、半成品的检测，由第三方检测机构依据施工进度计划或施工方告知的时间到施工现场进行取样，制作试验模块，减少了中间环节，改变了以往施工单位提供样本，检测单位只负责检测的模式，检测单位的结论也相应地由"对来样负责"改为对整个工程项目质量负责，强化了检测机构的质量责任意识。质量检测结果更加准确、公正，时效性更强。在目前检测企业实力有限的形势下，检测结果的质量可信性和权威性有待提高。可以允许交叉检测，施工质量检测和验收质量检测由不同的检测机构进行交叉检测，分别形成检测结果，以确保检测结果真实可靠。推行第三方检测模式，遵循公正、公开、公平的原则，维护质量检测数据的科学性和真实性，确保工程质量。

（四）建立完善社会信用体系

2009年，水利部制定了《水利建设市场信用信息管理暂行办法》（水建管〔2009〕496号）、《水利建设市场主体不良行为记录公告暂行办法》（水建管〔2009〕518号），中国水利工程协会印发《水利建设市场主体信用评价暂行办法》（中水协〔2009〕39号），意味着水利建设市场主体信用体系开始建立。2011年，水利部印发《项目信息公开和诚信体系建设实施方案》（水建管〔2011〕433号）信用体系建设正逐步完善。水利工程建设领域标志着水利工程建立全国统一的、全面的信用体系，制定信用等级评定标准，强化法律对失信行为的监督和制裁效力，有利于维护建设市场政策秩序，规范责任各方质量行为。不良行为的记录应该包括责任主体的不良行为和工程项目质量的不良记录。通过的工程质量和工作质量的记录在案并公开。通过对监理、设计、施工、检测等企业在工程质量形成过程中的行为记录，与工程质量监督过程记录或者工程项目质量检查通知书联系起来，对企业的不良行为进行记录，并通过信用体系平台，在一定范围内进行公开。制定维护信用的法规。守信受益，失信受制，通过利益驱动，在信用体系上建立的社会保证、利益制约、相互规范的监督制衡机制，强化了自我约束与自我监督的力度，有效地保证了参与工程各方的正当权益。

（五）修订开工备案制度

取消开工审批，实行开工备案制度，是国家为精简行政审批事项作出的决定，强化了项目法人的自主选择权。2013 年，水利部《关于水利工程开工审批取消后加强后续监管工作的通知》(水建管〔2013〕331 号) 规定，水利工程项目实行开工备案制度，项目法人自工程开工 15 日内到项目主管部门及其上级主管单位进行备案，以便监管。在备案过程中，如果发现工程项目不符合开工要求的，将予以相应处罚。属于事后纠正的措施，在开工已经实施的情况下，介入监督，发现违规情况，再采取纠正措施。若工程项目符合规定，则工程项目可以正常实施；若工程项目不符合相关规定，属于项目法人强行开工，则质量安全隐患已经形成，质量事故随时都有可能发生，不利于工程项目质量的管理监督。可以将"自项目开工 15 日内"，修订为"项目开工前 15 日内"办理开工备案手续，对备案手续办理时限进行明确，如"接到开工备案申请后的 5 个工作日内办理完成"，项目法人的自主决定权可以得到保障，同时对工程项目的质量管理监督也是一种加强，尽早发现隐患，确保工程项目顺利实施。

（六）严格从业组织资质和从业个人资格管理

对从业组织资质和从业个人执业资格的管理，是对工程项目质量技术保障的一种强化。严格的等级管理制度，限制了组织和个人只能在对应的范围内开展经营活动和执业活动，对工作成果和工作行为的质量是一种保障，也有效约束了企业的经营行为和个人的执业活动。对企业和个人也是一种激励，只有获得更高等级的资质和资格，经营范围和执业范围才会更广泛，有竞争更大型工程的条件，才有可能获得更大利益。制定严格的等级管理制度，对从业以来无不良记录的企业和个人给予证明，在竞争活动中比其他具有同等资质的竞争对手具有优势；同时，对违反规定，发生越级、在规定范围外承接业务的行为、挂靠企业资质和个人执业资格的行为进行行政和经济两方面的处罚。等级不但可以晋升也可以降级。加大对企业年审和执业资格注册复审的力度。改变以往只在晋级或者初始注册时严审，开始经营活动和执业活动后管理松懈的状况。按照企业发展趋势，个人执业能力水平提升趋势，制定有效的年审和复审制度标准，对达不到年审标准和复审标准的企业与个人予以降级或暂缓晋级的处罚。改变以往的定期审核制度，将静态审核改为动态管理，全面管理企业和个人的执业行为。加大审核力度不能只依赖对企业或个人提供资料的审核力度，应结合信用体系记录，企业业绩、个人成绩的综合审核，综合评价。强化责任意识，利用行政、经济两种有效手段进行管理，促进企业、个人的自觉遵守意识，促进市场秩序的建立和市场作用的有效发挥。

三、应对方法

（一）进一步深化和完善农村水利改革

首先要对如今的小规模水利项目的产权体系革新活动中存在的新问题，积极分析探讨，尽快制定一个规范化的指导意见，以推动小型农田水利工程产权制度改革健康深入发展。其次要以构建和完善农民用水户协会内部管理机制为重点，以行政区域或水利工程为单元，通过对基层水利队伍的改组、改造、改革和完善，推动农民用水户协会的不断建立和发展，加快大中小型灌区管理体制改革步伐。最后要不断深化农村水利改革。当前，农村出现了劳动力大量外出打工、水利工程占地农民要求补偿、群众要求水利政务公开等一系列新情况、新问题，迫切需要我们加强政策研究和制度建设，通过不断深化农村水利改革，培养典型，示范带动，逐步解决农村水利发展过程中出现的热点难点问题。

（二）强化投入力度

导致项目得不到有效的维护，效益降低的关键原因是投入太少。农村的基建活动和城市的基建工作都应该被同等对待。开展不合理的话不但会干扰农村建设工作的步伐，还会干扰和谐社会的创建工作。通过分析当前的具体状态，我们得知，政府在城市基建项目中开展的投入，还是超过了对农村的投入，存在非常显著的过分关注城市忽略农村的问题。各级政府必须把包括小型农田水利工程在内的农村基础设施纳入国民经济与社会发展规划，加大投入。对农村水利基础设施来讲，当务之急是在稳定提高大中型灌区续建配套与节水改造及人饮安全资金的同时，尽快扩大中央小型农田水利工程建设专项资金规模，以引导和带动地方各级财政和受益农户的投入，加快小型农田水利设施建设步伐。

（三）加快农田水利立法，从根本上改变小型农田水利设施建设

管理薄弱问题。目前，涉水方面的法律法规不少，但针对农田水利工程建设管理的还没有。尽快制定出台一部关于农田水利方面的法规条例，通过健全法律制度，明确各级政府、社会组织、广大群众的责任，建立保障农田水利建设管理的投入机制，建立与社会主义市场经济要求相适应的管理体制和运行机制，依法建设、管理和使用农田水利工程设施，已成为当务之急。

（四）加强基层水利工程管理单位自身能力建设

基层水利工程管理单位自身能力建设是农村水利工作的重要内容。今后的农村水利建设要改变过去只注重工程建设而忽视自身建设的做法，工程建设与基层水管单位自身能力建设要同时审批、同时建设、同时验收。要进一步调整农村水利资金支出结构，允许部分资金用于包括管理手段、信息网络、办公条件等在内的管理单位自身能力建设，以不断提高基层水管单位服务经济、社会的能力和水平。

（五）建立完善的宣传发动机制

水利建设的任务重，涉及面较广，尤其是在当前的社会环境下，要把水利建设的气氛营造起来，那么首先要搞好会议的宣传工作，并可通过会议，让领导干部了解在农业税取消之后，乡镇干部的责任，工作的重点。尤其是让广大农民群众与村组干部明白与了解，在新形势下，水利建设仍然是自己的事。同时，可通过会议督导与调度，对乡镇加强领导、加强进度，以促进平衡发展。

（六）积极探索和谐自主的建设管理模式

农田水利工程的建设施工和管理方面包括很多内容，也直接关系老百姓的经济利益。因此，我们要加强对农田水利工程施工和管理体系的建设，对水利工程进行统一管理，建立一个合理的、科学的施工程序和规范，并在施工工程中落实好，使得水利工程建设管理体系能够充分发挥作用。将水业合作组织模式应用于更为

广泛的农村公益型水利基础设施的建设和管理中，将原有集体资产与农民投工投劳为主形成的小型水利设施按照市场化手段来评估资产，明晰产权，将公益性水利设施资产定量化、股份化，并鼓励受益农户资本入股，参照股份制模式来管理和运作。实行自主管理的模式。村民通过民主方式组建互助合作的用水组织——农村水业合作社。主要职责是全面负责合作社辖区内水利工程的运行、管理和供水调度，同时负责向用水户供水并按时收取水费和提供咨询服务。农户是小规模的水利项目的直接受益人，同时还是相关的管控工作者，设置水利合作机构，通过股份的形式来开展建设工作，切实地激发出农户的热情。农村水业合作社为"自主经营、自负盈亏、具有独立法人"的股份合作制企业，按照股份合作制方式制定章程，由股东大会民主选举产生管理委员会，下设管理人员，每年改选一次。在股份设立上，将上级有关部门补助的作为集体股，社员按每户投入及投工折现作为社员股。

水利工程项目的质量关系到人民群众的生命财产安全，事关国计民生，并与社会稳定、国家安全紧密相关。水利工程项目质量监督管理的有序运行，一是实现水利工程项目质量目标、投资目标的重要前提。但现阶段的水利工程项目质量监管模式和体系还不完善，基层监管机构的合法地位尚未明确，因此，质量监督作用得不到充分发挥。为此，本文采用文献研究、比较研究、问卷调查、理论分析和案例分析等方法，运用管理学、统计学有关理论，对水利工程项目，重点是公益性水利工程项目质量监督管理进行了深入系统研究，得出了一些有指导意义的研究结果和结论。从健全质量监督依据的角度出发，建议完善质量管理法律体系，制定保障有关质量法律执行的相关制度，更新现行的质量法律法规。修订完善《水利工程质量管理条例》，增加中小型水利工程适用的质量监督管理法规标准，规范对其的质量监督管理工作，保证工程项目质量。制定相应的奖惩机制，强化各责任主体的守法意识，加大处罚力度，制定度量明确的处罚准则，树立质量法律威信，才能真正做到有法可依，有法必依，执法必严。从完善质量监督管理体制的角度出发，提出了转变政府角色，将政府从繁重的工程实体质量监督任务中解脱出来，建立质量监督管理体系，建议给予水利系统质量监督管理机构合法地位，调整经费取得方式，明确人员编制，使质量监督机构名副其实。同时，加大对质量监督机构的考核力度，严格持证上岗制度，建立高素质的水利质监队伍，提高工作效能。从实行全面质量管理思想的角度出发，提出了应强调项目前期监管工作，分级建立水利工程项目储备制度，严格立项审批。将质量监督管理工作的重点由施工阶段扩展到从项目的决策阶段。另外，从落实项目法人制的角度，提出了国家应加大对项目管理咨询公司等提供管理咨询服务企业的培育力度，消除现阶段水利工程项目法人具有的政府行政特性，更好地发挥项目法人的职责，发挥项目法人质量全面管理的作用。

参考文献

[1] 王裴佳 . 关于加强水利工程声像档案管理工作的探讨 [J]. 档案管理理论与实践——浙江省基层档案工作者论文集 ,2017:197–199.

[2] 张继雄 . 信息管理系统在水利工程建设管理中的应用 [J]. 农业科技与信息,2017(24): 101–104.

[3] 王嘉庆 . 水利工程建设管理的创新思路 [J]. 农业科技与信息 ,2017(24):105.

[4] 张霞 . 浅谈水利工程建设项目实施阶段的工程造价管理 [J]. 农业科技与信息 ,2017(24):108–109.

[5] 王小明 . 农田水利工程建设管理现状及对策 [J]. 农业科技与信息 ,2017(24):110–111.

[6] 林连福 . 关于水利工程加强管理的相关探讨 [J]. 农村经济与科技 , 2017,28(S1)：68–70.

[7] 陈信任 . 浅谈水利工程施工管理的重要性和对策措施 [J]. 南方农机 ,2017,48(24):144.

[8] 席建强 . 水利工程管理中存在的问题及对策 [J]. 工程技术研究 ,2017(12):160–161.

[9] 徐鹏翔 . 浅论水利水电工程建设管理中存在的问题及应对措施 [J]. 农民致富之友 ,2017(24):217.

[10] 邢雪枫 . 论述水利工程施工质量控制与管理 [J]. 低碳世界 ,2017(36):151–152.